Carlos Yukio Suzuki
Angela Martins Azevedo
Felipe Issa Kabbach Júnior

Drenagem
subsuperficial de pavimentos
conceitos e dimensionamento

© Copyright 2013 Oficina de Textos
1ª reimpressão 2014 | 2ª reimpressão 2018 | 3ª reimpressão 2022

Grafia atualizada conforme o Acordo Ortográfico da Língua Portuguesa de 1990, em vigor no Brasil desde 2009.

Conselho editorial Cylon Gonçalves da Silva; Doris C. C. K. Kowaltowski; José Galizia Tundisi; Luis Enrique Sánchez; Paulo Helene; Rozely Ferreira dos Santos; Teresa Gallotti Florenzano

Capa e projeto gráfico Malu Valim
Diagramação e preparação de figuras Bruno Tonelli
Preparação de textos Sandra Martha Dolinsky
Revisão de textos Cássio Pelin

Dados Internacionais de Catalogação na Publicação (CIP)
(Câmara Brasileira do Livro, SP, Brasil)

Suzuki, Carlos Yukio
  Drenagem subsuperficial de pavimentos : conceitos e dimensionamento / Carlos Yukio Suzuki, Angela Martins Azevedo, Felipe Issa Kabbach Júnior. -- São Paulo : Oficina de Textos, 2013.

  Bibliografia
  ISBN 978-85-7975-075-5

  1. Pavimentos - Defeitos 2. Pavimentos - Manutenção e reparos 3. Pavimentos de asfalto 4. Pavimentação - Técnicas 5. Rodovias - Drenagem I. Azevedo, Angela Martins. II. Título.

12-15289   CDD-625.8

Índices para catálogo sistemático:

1. Pavimentos : Drenagem subsuperficial : Engenharia 625.8

Todos os direitos reservados à Oficina de Textos
Rua Cubatão, 798
CEP 04013-003 – São Paulo – Brasil
Fone (11) 3085 7933
www.ofitexto.com.br
atend@ofitexto.com.br

PREFÁCIO

Os ensinamentos conceituados pelo engenheiro Harry R. Cedergren por meio do livro *Drenagem dos pavimentos de rodovias e aeródromos* remetem à necessidade de se estudar o efeito que o excesso de água livre no interior da estrutura proveniente de infiltrações causa na deterioração e ruptura precoce dos pavimentos rodoviários e aeroportuários.

No entanto, a dificuldade teórica de se avaliar e comprovar os benefícios da drenagem subsuperficial, a resistência de renomados técnicos em defender a importância dos drenos de pavimentos mesmo para tráfego pesado e o aparente aumento considerável de custo dos dispositivos desencorajou-nos a publicar este livro anteriormente.

Ao longo de nossa vida profissional, porém, deparamo-nos com inúmeros casos de ruptura prematura e desempenho pífio dos pavimentos e percebemos que, se os conceitos aqui divulgados houvessem sido utilizados, em muitas situações as estruturas poderiam apresentar maior vida útil, além de melhorar as condições de fluidez, conforto e segurança do tráfego, proporcionando economia aos órgãos mantenedores e usuários ao longo do tempo.

Neste livro, estão sintetizados os conceitos básicos de infiltração e percolação de águas de chuva para o interior da estrutura e do escoamento do fluxo pelo sistema de drenagem subsuperficial, por meio da consideração das equações de Darcy em meios porosos e de Manning para condutos livres, além de análises sobre a teoria de filtro no contato entre diferentes materiais granulares, preconizadas por Bertram, Terzaghi e Casagrande.

São mostrados os problemas decorrentes da drenagem inadequada e apresentados os procedimentos e exemplos numéricos dos principais métodos de dimensionamento hidráulico do sistema de drenagem dos pavimentos, empregados no país e no exterior, baseados nos estudos de Cedergren, Moulton e Ridgeway.

São apresentados também critérios adotados pela FHWA e AASHTO para estimativa de tempos de drenagem do material, propostos por Casagrande e Shannon e por Barber e Sawyer, em função do grau de saturação final da camada drenante.

Lembramos que a maioria dos conceitos e exemplos aqui apresentados é relativamente antiga e já conhecida no meio técnico. Portanto, este livro não tem a pretensão de ser uma obra inédita, e sim um material de apoio ao ensino sistemático desse assunto pouco abordado nos cursos de graduação e pós-graduação nas escolas de Engenharia em disciplinas que tratam do projeto, construção e manutenção de infraestrutura viária.

Esperamos que esta publicação seja o passo inicial e sirva de contribuição para o desenvolvimento de estudos e pesquisas futuras para quantificação e avaliação dos danos que a presença da água livre no interior da estrutura pode causar ao desempenho efetivo dos pavimentos.

Agradecimentos

Aos nossos professores, familiares e amigos que sempre nos incentivaram.

A todos os colegas de trabalho, em especial à Profa. Liedi L. B. Bernucci, que diretamente ajudaram a preparar este material.

À Walkiria, Deric e Simone pelos pacientes trabalhos de digitação de texto e elaboração de desenhos.

Às empresas Planservi Engenharia e Maccaferri do Brasil pelas imagens gentilmente cedidas e pelos apoios técnico e financeiro para publicação e divulgação desta obra.

APRESENTAÇÃO

Este livro é publicado em um momento histórico da pavimentação no Brasil, quando a necessidade de melhoria e de mais investimentos em infraestrutura de transportes tem sido uma de nossas grandes prioridades para apoiar o crescimento econômico e possibilitar o acesso da população aos bens, à saúde e à educação.

A presença de água livre, seja por infiltração de chuvas, percolação ou ainda por ascensão capilar, tem levado a um grande número de insucessos e de rupturas prematuras de pavimentos, mesmo estruturalmente bem dimensionados, por inadequação e mesmo inexistência de sistemas de drenagem. Em decorrência, observa-se o surgimento de defeitos que não somente atingem a integridade e a capacidade estrutural dos pavimentos como levam à redução de sua vida útil. Como consequência ao usuário, geram-se alterações geométricas das vias que provocam o desconforto ao rolamento e até problemas de segurança.

Com uma linguagem clara, direta e acessível, os autores trazem em *Drenagem Subsuperficial de Pavimentos: Conceitos e Dimensionamento* uma respeitável contribuição para a formação dos estudantes de Engenharia e aos profissionais da área, preenchendo uma lacuna em um tema ainda pouco abordado de forma sistemática no Brasil. Com a integração do embasamento teórico a exemplos práticos, demonstra a importância dos sistemas de drenagem nos projetos de pavimentos.

Com larga experiência profissional e conhecimento amplo e profundo em várias áreas da Engenharia de Transportes, os autores apresentam neste livro os conceitos fundamentais de drenagem da água livre nos pavimentos, embasando com rigor os princípios e critérios para a concepção, projeto e dimensionamento dos diferentes sistemas de drenagem, e de elementos de prevenção de entrada de água e de contaminação de materiais de pavimentos rodoviários, urbanos e ferroviários.

Nossos cumprimentos à nobre iniciativa dos autores e nossos votos aos leitores para congregarem em seu repertório técnico estes princípios e a prática da boa Engenharia de Infraestrutura de Transportes.

Liedi Légi Bariani Bernucci
Professora Titular da Escola Politécnica da Universidade de São Paulo

INTRODUÇÃO

Em pavimentação, deve ser alcançado o objetivo principal de projetar e construir economicamente uma estrutura robusta o suficiente para suportar as cargas de tráfego e as ações das intempéries, proporcionando níveis de conforto ao rolamento e segurança aceitáveis ao longo do período de projeto.

Mesmo bem dimensionados e construídos para atender a um horizonte de projeto de dez a vinte anos, muitos pavimentos têm apresentado problemas funcionais, estruturais e até de segurança viária precocemente, ou seja, com um número de solicitações de tráfego relativamente baixo.

Um dos problemas relacionados ao desempenho pífio dos pavimentos é a aplicação de cargas do tráfego quando os materiais constituintes de sua estrutura estão sob condição saturada.

Para evitar essa situação, é necessário retirar rapidamente toda a água que cai e escoa sobre a plataforma viária por meio da implantação de adequado sistema de *drenagem superficial*, constituído de caimentos transversal e longitudinal favoráveis e instalação de valetas, sarjetas e dispositivos de captação para transportar a água a um local seguro de deságue. É importante também remover toda a água que se infiltra na estrutura por meio de sistema de *drenagem subsuperficial* num tempo relativamente curto que evite sua saturação, prevendo-se camadas permeáveis preferencialmente interligadas a drenos rasos transversais e longitudinais.

Para situações em que o nível freático é elevado, sugere-se também a instalação de drenos profundos (sistema de *drenagem profunda*) objetivando seu rebaixamento, dado que essa condição pode constituir uma fonte de saturação das camadas subjacentes do pavimento.

Tem-se constatado que a drenagem subsuperficial é um dos fatores mais importantes relacionados ao bom desempenho de um pavimento, embora esse aspecto não receba a devida atenção por parte dos especialistas em pavimentação. Dessa forma, este livro busca difundir os conceitos para justificativa de utilização e dimensionamento desse sistema.

Esse tipo de intervenção começou a ser previsto nos últimos anos, principalmente nas rodovias brasileiras de tráfego intenso e pesado, uma vez que o pavimento fica exposto à ação da água de várias maneiras, conforme descrito no Cap. 1, no item "Origem da água nos pavimentos".

Sem dúvida, a água produz grande efeito nas propriedades mecânicas dos materiais constituintes e no desempenho do pavimento em longo prazo. Recentes e inúmeros estudos desenvolvidos nos Estados Unidos têm investigado esses efeitos e proposto métodos e procedimentos para eliminar ou minimizar os problemas devidos à ação danosa da presença de água livre no interior de sua estrutura.

Os materiais de pavimentação devem ser avaliados também quanto à sua capacidade de drenagem. A AASHTO (1986, 1993), por meio de seu guia de dimensionamento estrutural de pavimentos, mostra procedimentos que permitem classificar os materiais quanto à sua capacidade de drenagem, indicando a utilização de fatores de ajuste da espessura do pavimento.

Em reconhecimento ao impacto que a água livre ou umidade excessiva pode causar no desempenho do pavimento, o guia de dimensionamento da AASHTO publicado em 1986 incorporou fatores de ajuste nas equações de dimensionamento das espessuras de pavimentos flexível e rígido para considerar diversas condições de drenagem subsuperficial.

Lembramos, entretanto, que os fatores de ajuste lá recomendados são ainda intuitivos e teóricos, uma vez que tem sido muito difícil comparar quantitativamente em campo o desempenho real de pavimentos não drenados e daqueles dotados com algum tipo de sistema de drenagem.

No Brasil, os métodos de projeto ainda não incorporam de maneira sistemática fatores que considerem o efeito de drenagem no desempenho estrutural dos pavimentos.

Um conceito equivocado que tem sido divulgado é que uma boa drenagem é dispensável e onerosa, uma vez que se considera no dimensionamento das espessuras a condição saturada do material do subleito.

Esse conceito poderia ser aceitável em outros tempos, quando os volumes e as cargas de tráfego eram pequenos. Entretanto, com o incremento das cargas por eixo transportadas, verifica-se que a água livre ou umidade excessiva tem causado danos no pavimento, tais como bombeamento, desagregação, além de diminuição da resistência ao cisalhamento dos materiais.

Um sistema de drenagem, teoricamente, é dispensável se a infiltração de água no pavimento for inferior à capacidade de escoamento pelas camadas subjacentes de base, sub-base e do subleito.

Tendo em vista a grande dificuldade de se estimar o grau de infiltração e a capacidade de drenagem das diversas camadas constituintes da estrutura, sugere-se a instalação do sistema de drenagem subsuperficial para todos os pavimentos de rodovias consideradas importantes, com elevada porcentagem de veículos comerciais, com o objetivo de minimizar despesas com a restauração e manutenção dos pavimentos ao longo de sua vida útil.

No entanto, a simples previsão de camadas granulares ou a instalação de drenos longitudinais não interligados às respectivas camadas sem a verificação da compatibilidade hidráulica não garantem que a estrutura do pavimento seja drenante. Assim sendo, é importante o entendimento dos conceitos de drenagem e o conhecimento dos diferentes tipos de dispositivos para se projetar adequadamente um sistema de drenagem subsuperficial eficiente e satisfatório que aumente, de fato, a vida útil do pavimento.

Visando à compreensão sobre os aspectos técnicos e práticos da drenagem subsuperficial, este livro foi estruturado da seguinte forma:

O Cap. 1 discorre sobre a origem da água nas estruturas de pavimento e quais os efeitos e consequências de sua presença por períodos prolongados quando submetidas à ação do tráfego pesado. O Cap. 2 trata das formas de prevenção da entrada da água na estrutura e descreve os elementos constituintes do sistema de drenagem subsuperficial, bem como os requisitos para implantação. Nos Caps. 3 e subsequentes, são apresentados os critérios para dimensionamento de cada componente do sistema, por meio de abordagem teórica dos conceitos de hidráulica aplicada. Além do dimensionamento do sistema de drenagem subsuperficial, são discutidos os conceitos acerca dos pavimentos permeáveis e da drenagem dos pavimentos ferroviários.

O livro apresenta, ainda, uma série de exemplos práticos, incluindo o dimensionamento completo do sistema pelas metodologias mais empregadas. Seu objetivo é aprofundar o estudo sobre a drenagem subsuperficial por meio da inclusão de conceitos e análise de sensibilidade dos parâmetros de cálculo envolvidos.

LISTA DE SÍMBOLOS

a	Área transversal inscrita entre o cilindro externo e o interno	H_1	Altura da lâmina de água
		H	Espessura da camada
a_i	Coeficiente estrutural da camada i	i	Gradiente hidráulico
		I_c	Índice de infiltração
A	Área	J	Coeficiente de transferência de carga pelas juntas
A_{ef}	Área efetiva		
A_m	Área molhada	k	Coeficiente de permeabilidade
b	Largura da camada	k_f	Condutividade hidráulica equivalente saturada
B	Coeficiente adimensional		
B	Constante implícita	K	Coeficiente de recalque (módulo de reação)
c_i	Coeficiente de infiltração		
C_d	Coeficiente de drenagem	K_p	Taxa de infiltração
C_g	Fator de fluxo de geocomposto	L_R	Comprimento resultante
C_k	Coeficiente experimental	L_s	Espaçamento de saídas do dreno
C_s	Espaçamento entre juntas transversais contribuintes	m_i	Coeficiente de drenagem da camada i
C_u	Coeficiente de uniformidade	M_R	Módulo de resiliência
		MPa	Megapascal
C_z	Coeficiente de graduação	n	Coeficiente de rugosidade de Manning
dB	Decibéis		
d_n	Diâmetro de grãos correspondente à peneira n	N	Porosidade
		N_c	Número de trincas ou juntas longitudinais contribuintes
d_0	Altura da amostra		
D	Diâmetro do tubo coletor	N_e	Porosidade efetiva
D	Espessura da placa de concreto de cimento Portland, pol	N_i	Número de repetições do eixo padrão de 8,2 tf
D_i	Espessura da camada i	p_i	Precipitação pluviométrica
e	Índice de vazios	p_0	Índice de serventia inicial
E_c	Módulo de elasticidade do concreto	p_t	Índice de serventia final
		P_{200}	Porcentagem que passa na peneira 200
E_i	Módulo de elasticidade do material i		
		PSI	Índice de serventia atual
F	Altura do fluxo de água	q_i	Volume de infiltração
FI	*Fouling index* (índice de contaminação)	q_i	Precipitação de projeto
		Q	Capacidade/vazão de fluxo
G_s	Densidade real dos grãos		
h	Altura do dreno	Q_R	Vazão a ser removida
h_c	Altura da capilaridade	R	Confiabilidade estatística

R_H	Raio hidráulico	γ_d	Peso específico do solo
S	Declividade longitudinal	θ	Ângulo
S	Área da seção de escoamento		
S_0	Desvio padrão do projeto		
S_1	Fator de declividade		
S_C	Resistência à tração na flexão do concreto		
SN	Número estrutural		
S_R	Declividade resultante		
S_R	Declividade longitudinal da camada		
S_t	Saturação		
S_x	Declividade transversal		
t_c	Tempo de concentração		
t_d	Tempo de drenagem		
t_e	Tempo de escoamento		
t_s	Tempo de percolação		
T	Fator tempo		
T_R	Período de recorrência		
U	Porcentagem de drenagem		
v_e	Velocidade de escoamento		
v_s	Velocidade de percolação		
V_s	Volume de sólidos		
V_t	Volume total		
V_v	Volume de vazios		
V_w	Volume de água		
w	Teor de umidade		
W	Largura de contribuição		
W_D	Volume de água a ser drenado		
W_L	Perda da água		
W_p	Largura da pista		
W_{18}	Número de repetições do eixo padrão de 8,2 tf		
Z_R	Desvio padrão da distribuição normal para R% de confiabilidade		
y	Altura da lâmina d'água		
γ_W	Peso específico da água		

ABREVIATURAS

AASHTO	American Association of State Highway and Transportation Officials
ABGE	Associação Brasileira de Geologia de Engenharia e Ambiental
AFNOR	Association Française de Normalisation
AI	Asphalt Institute
AOS	Abertura Aparente de Filtração
AREMA	American Railway Engineering and Maintenance-of-Way Association
ASTM	American Society for Testing and Materials
BGS	Brita graduada simples
BGTC	Brita graduada tratada com cimento
CA	Concreto asfáltico
CB	Camada de base
CBR	California Bearing Ratio
CBUQ	Concreto betuminoso usinado a quente
CCP	Concreto de cimento Portland
CCR	Concreto compactado com rolo
CFGG	Comitê Francês de Geotêxteis e Geomembranas
CPA	Camada porosa de atrito
CS	Camada separadora
DLR	Dreno longitudinal raso
DNER	Departamento Nacional de Estradas de Rodagem
DNIT	Departamento Nacional de Infraestrutura de Transportes
DTR	Dreno transversal raso
ELSYM-5	Elastic Layered System
FHWA	Federal Highway Administration
FWD	Falling Weight Deflectometer
IDF	Intensidade, duração e frequência
NHI	National Highway Institute
OGFC	Open-Graded Friction Course
PMF	Pré-misturado a frio
PMQ	Pré-misturado a quente
PVC	Policloreto de vinila
SL	Subleito
SN	Structural Number
US	United States
USACE	United States Army Corps of Engineers

SUMÁRIO

1. Água e pavimento 15
   1.1 Origem da água nos pavimentos 15
   1.2 Efeitos adversos da presença de água nos pavimentos 26

2. Controle da água e elementos do sistema 44
   2.1 Critérios de controle da água nos pavimentos 44
   2.2 Concepção do sistema de drenagem subsuperficial 66

3. Fatores de dimensionamento hidráulico 77
   3.1 Características geométricas da via 77
   3.2 Características hidrogeotécnicas dos materiais 80
   3.3 Infiltração de projeto 102
   3.4 Análise comparativa entre diferentes procedimentos para estimativa da infiltração de águas pluviais no pavimento 105

4. Camadas drenantes e separadoras 111
   4.1 Camadas drenantes 111
   4.2 Camadas separadoras 133

5. Drenos 147
   5.1 Drenos rasos longitudinais 147
   5.2 Drenos rasos transversais 172
   5.3 Drenos laterais de base 176

6. Pavimentos permeáveis 180
   6.1 Breve histórico 180
   6.2 Tipos de pavimentos permeáveis 182
   6.3 Vantagens e desvantagens 185
   6.4 Critérios de projeto e dimensionamento 186
   6.5 Revestimentos asfálticos drenantes 187

7. Drenagem de pavimentos ferroviários........................ 191
   7.1 Fontes de água... 192
   7.2 Problemas da drenagem inadequada................................ 195
   7.3 Recomendações de projeto.. 197
   7.4 Aspectos relativos à limpeza de lastro............................. 204

8. Exemplos de cálculo de dimensionamento do sistema de drenagem subsuperficial....................................... 207
   8.1 Método de Cedergren.. 207
   8.2 Método de Moulton.. 218

Referências bibliográficas 237

Anexo – Tabela de conversão de unidades 240

Água e pavimento 1

1.1 Origem da água nos pavimentos
1.1.1 Fontes de umidade

A umidade excessiva no subleito e nas camadas da estrutura do pavimento pode ser proveniente de diversas fontes, a saber: infiltração, percolação, capilaridade e movimentos em forma de vapor de água.

A água no pavimento pode ser decorrente de infiltrações superficiais devido às juntas, trincas, bordos dos acostamentos e outros tipos de defeitos na superfície que podem facilitar o ingresso da água no interior de sua estrutura.

A água pode subir por percolação do nível freático elevado ou entrar lateralmente pelos bordos do pavimento e valetas dos acostamentos, como mostrado na Fig. 1.1.

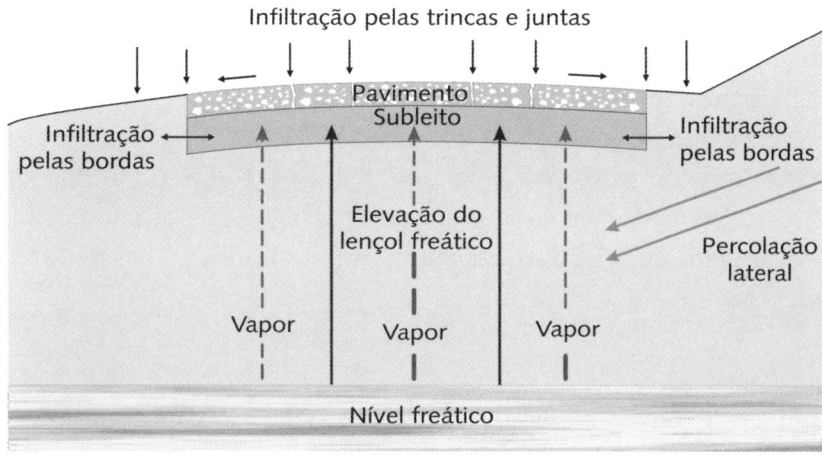

Fig. 1.1 *Origens da água na estrutura do pavimento*

Efeitos de capilaridade e movimentos de vapor de água também são responsáveis pelo acúmulo de umidade abaixo da estrutura do pavimento. A movimentação do vapor de água está associada às variações de temperatura e de outras condições climáticas.

A variação positiva ou excesso no teor de umidade no interior da estrutura do pavimento decorrente da ação do conjunto ou de uma fonte isolada de infiltração recebe o nome de água livre.

Essa água, com movimentação irrestrita na estrutura, é uma das principais causas da deterioração precoce dos pavimentos, e sua análise de percolação pode ser simplificadamente regida pelas leis da hidráulica, aplicadas a escoamento em meios porosos.

A maioria dos técnicos acredita que a umidade excessiva é decorrente apenas do lençol freático elevado e, em função disso, tem sugerido a instalação de drenos profundos longitudinais a uma altura da ordem de 1,5 m abaixo do greide para manter o nível d'água rebaixado. Apesar dessa medida, verifica-se que o subleito continua sendo afetado por umidade excessiva e que a água superficial proveniente das chuvas é a principal responsável.

Com o objetivo de medir a habilidade da água de se infiltrar no pavimento, Cedergren (1974) constatou que os pavimentos de concreto têm permeabilidade da ordem de 12,7 mm/h, correspondente à infiltração pelas juntas e outras áreas de contribuição, enquanto a permeabilidade do pavimento flexível registrada, considerando as trincas e outras descontinuidades, foi de 5,1 mm/h.

Ele constatou, ainda, que a permeabilidade e porosidade de cada camada do pavimento, incluindo base, sub-base e subleito, influenciam as características de saída e acúmulo de água no interior de sua estrutura.

As origens da água livre no pavimento são apresentadas detalhadamente a seguir.

Infiltração

As precipitações pluviométricas são a maior fonte de águas que penetram a estrutura dos pavimentos, podendo ocasionar infiltrações tanto pela superfície como pelas bordas na junção pista-acostamento.

A água presente no interior da estrutura do pavimento tem influência no comportamento e desempenho dos materiais de cada camada do pavimento. Com o passar do tempo, o excesso de água tem influência negativa sobre a serventia, embora os danos causados pela infiltração de água no pavimento não apareçam instantaneamente.

O processo de deterioração da estrutura e da redução da vida útil do pavimento é gradual e pode passar despercebido durante muito tempo. As principais evidências da presença de água no pavimento poderão ser resíduos secos, apresentando-se como manchas nas imediações de trincas, juntas de construção e nos bordos da pista, além do desnivelamento das juntas e trincas no caso de pavimentos rígidos. Em algumas situações, pode-se verificar até a presença de vegetação.

A prevenção da infiltração é um aspecto muito relevante em regiões de clima temperado, onde pode haver o congelamento das águas livres no interior do pavimento em função da exposição a baixas temperaturas.

Infiltração através da superfície do pavimento

Em pavimentos de concreto, a maior parcela de infiltração ocorre através das juntas longitudinais e transversais e trincas presentes nas placas de concreto de cimento Portland (CCP) ao longo do tempo. Quando o acostamento dos pavimentos de concreto é composto por revestimento asfáltico, a junta pista-acostamento é outro ponto significativo de infiltração, caso não seja devidamente tratado.

As Figs. 1.2 e 1.3 apresentam pavimento de concreto com a superfície trincada e a interface entre os tipos de revestimento pista-acostamento.

Em pavimentos asfálticos, as juntas de construção da camada de revestimento e as trincas que surgem ao longo do tempo no revestimento são os pontos críticos de infiltração.

O trincamento que surge na superfície, tanto dos pavimentos de concreto quanto dos asfálticos, é um processo contínuo, que depende das características dos materiais empregados na estrutura e da intensidade do tráfego que solicita o pavimento. Na presença de água, esse fenômeno de trincamento é potencializado, tornando difícil sua previsão e a consequente estimativa de volume de água que se infiltra pela abertura das trincas.

A quantidade de juntas ou trincas, bem como a capacidade de vazão destas, são as principais responsáveis pelo volume de água que se infiltra através da superfície do pavimento, relacionando-o também à intensidade e duração das chuvas.

Fig. 1.2 *Superfície de CCP trincada*

Fig. 1.3 *Interface entre pista de CCP e acostamento asfáltico*

Quanto às precipitações, aquelas de grande intensidade apresentam, de modo geral, curta duração. Grande parte da água escoa pela superfície do pavimento em vez de penetrar a estrutura, devido à sua permeabilidade relativamente baixa. Já as precipitações de menor intensidade ocorrem por períodos mais longos, fornecendo suprimento de água constante por longos períodos de tempo, favorecendo a infiltração mesmo que a estrutura do pavimento apresente reduzida permeabilidade.

Dessa forma, para a determinação da infiltração pela superfície do pavimento, são consideradas mais críticas as precipitações com curto período de retorno e longa duração, com intensidades variando de baixas a moderadas.

A quantidade de água que se infiltra no pavimento depende também das características geométricas da pista (declividades longitudinal e transversal) e da permeabilidade dos materiais constituintes de sua estrutura.

A *declividade transversal* tem influência no volume de infiltração em função da velocidade que a água pode desenvolver na superfície e atingir os pontos baixos laterais dos acostamentos. A *declividade longitudinal* tem influência na infiltração de água pela superfície, uma vez que impõe escoamento em direção oblíqua à borda do pavimento, expondo o fluxo a uma distância maior, e, possivelmente, a uma quantidade maior de trincas, ocasionando maior índice de infiltração.

Outro parâmetro diretamente relacionado à infiltração é a permeabilidade dos materiais integrantes da estrutura de pavimento, dado que, caso o sistema não seja capaz de remover toda a água que se infiltra pela superfície, a estrutura atinge grau de saturação elevado.

Infiltração através das bordas do pavimento ou dos acostamentos

A infiltração de água pela borda do pavimento ocorre em função de dois mecanismos distintos: a variação de carga hidráulica, que provoca o deslocamento da água; e a capilaridade, que será discutida oportunamente.

As rodovias mais propensas à infiltração através das bordas são aquelas que apresentam baixa declividade longitudinal (greides planos ou pontos baixos de greides ondulados), em razão da maior dificuldade que a água encontra para escoar superficialmente.

Tanto para os pavimentos asfálticos quanto para os de concreto, as juntas entre a pista de rolamento e o acostamento são pontos significativos para a infiltração das águas. Em especial, quando os materiais da pista e do acostamento são distintos, a água livre na estrutura pode desencadear processos de deterioração acelerados pela diferença de trabalhabilidade dos materiais envolvidos, como nos casos em que o pavimento de CCP apresenta acostamento com revestimento asfáltico (Fig. 1.3) ou quando o acostamento não é revestido (Fig. 1.4).

Fig. 1.4 *Acostamento não revestido*

A falta de revestimento nos acostamentos permite que uma parcela significativa da água se infiltre na estrutura do pavimento, reduzindo sua capacidade estrutural. A vegetação da região contígua ao pavimento sem acostamento revestido pode formar uma barreira ao escoamento superficial da água devido ao acúmulo de detritos. A água tende a escoar pela superfície do pavimento, facilitando a infiltração e promovendo a saturação do solo contíguo ao pavimento.

As Figs. 1.4, 1.5 e 1.6 mostram estruturas de pavimento com acostamento não revestido, com vegetação. Nota-se que os revestimentos já se apresentam deteriorados (formação de trilhas de roda nas Figs. 1.4 e 1.5 e trincamento na Fig. 1.6).

Os acostamentos revestidos também podem proporcionar infiltração pelas bordas do pavimento, porém, com menor intensidade em relação ao caso dos acostamentos não revestidos.

A água também pode se infiltrar lateralmente por meio de dispositivos de drenagem superficial, como canaletas sem revestimento impermeável, principalmente em áreas de corte. As juntas entre o acostamento e a sarjeta, ou entre a sarjeta e a guia, também são pontos propícios para a infiltração lateral, conforme mostram as Figs. 1.7 e 1.8.

1 | Água e pavimento

Fig. 1.5 *Empoçamento de água no acostamento não revestido*

Fig. 1.6 *Acostamento não revestido. Detalhe: a água forma um canal de escoamento junto à superfície da pista*

Fig. 1.7 *Abertura de junta entre o pavimento de CCP e a sarjeta*

Fig. 1.8 *Água empoçada na junta do pavimento de CCP com a sarjeta*

Outro caso a ser considerado é a interferência de restauração sobre as estruturas de pavimento existentes. Embora temporárias, as obras podem provocar o acúmulo de água no acostamento ou em regiões contíguas à rodovia, favorecendo o aumento do teor de umidade das camadas inferiores da estrutura. Devido à gravidade da situação, a sinergia entre as solicitações de tráfego, as características dos materiais e o aumento de umidade podem acelerar o processo de deterioração do pavimento, reduzindo sua vida útil.

Capilaridade

A ação da capilaridade é decorrente de uma tensão de sucção que promove a migração da água entre locais com teores de umidade distintos, de um meio com teor de umidade mais elevado para outro com teor de umidade menor.

A capilaridade ocorre devido à ação da tensão superficial nos vazios do solo acima da linha de saturação. A distribuição granulométrica e a densidade do solo determinam a região de alcance da ascensão capilar. O movimento da água livre pela capilaridade ocorre nos vazios dos solos, que podem ser associados a tubos capilares por estarem interconectados, ainda que de forma irregular.

Quando um solo seco é colocado em contato com a água, esta é sugada para o interior do solo. A altura que a água atingirá no interior do solo depende do diâmetro dos vazios. A ascensão capilar é função do volume de vazios e da granulometria do material. Existe uma altura em que o grau de saturação é constante, embora não seja atingida a saturação total. Tal situação é apresentada na Fig. 1.9.

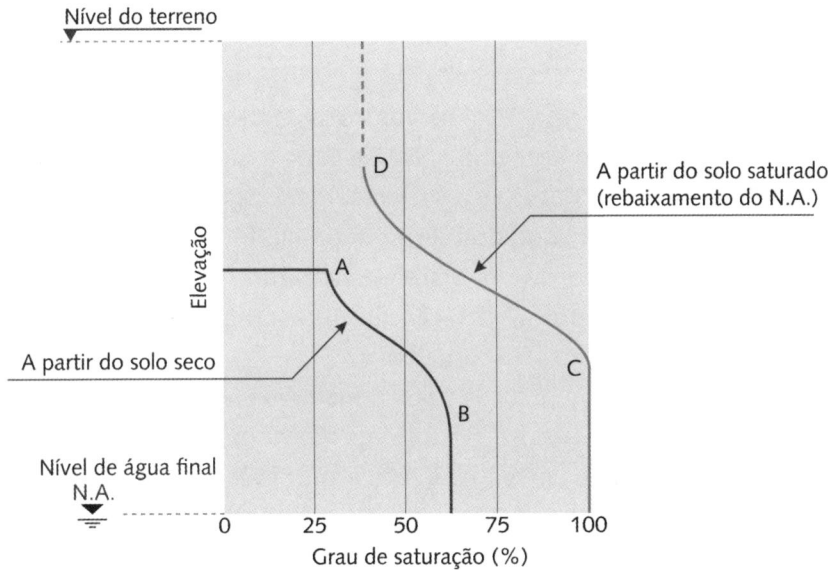

Fig. 1.9 Perfis de ascensão capilar relacionados ao histórico do nível de água
Fonte: Pinto (2002).

O movimento da água no interior do solo também pode ser descrito pelos esquemas apresentados na Fig. 1.10. Se os tubos capilares fossem de diâmetro constante, o nível da água elevar-se-ia a uma mesma altura em todos os pontos da massa de solo exposta à água. O solo estaria saturado abaixo do nível da água e acima deste até uma distância h_c, determinada em função do diâmetro dos tubos capilares. Além dessa distância, o solo se encontraria seco.

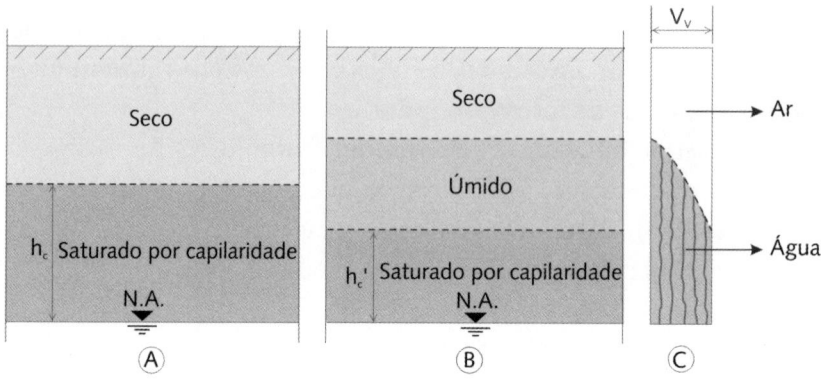

Fig. 1.10 Desenho esquemático da ascensão capilar

No entanto, conforme dito, os vazios são irregulares e a altura de ascensão capilar não é constante. Dessa forma, apenas uma pequena altura acima do nível d'água fica saturada pela capilaridade, h_c'. Acima dessa altura, os vazios são parcialmente preenchidos pela água, razão pela qual o solo fica apenas parcialmente saturado (úmido). A Fig. 1.10C indica um diagrama com a variação do preenchimento dos vazios do solo conforme a espessura da camada.

De acordo com a Fig. 1.10, os solos nunca são encontrados totalmente secos em estado natural e sempre apresentam uma quantidade de água retida nos vazios, correspondente à umidade de equilíbrio, como indicam Medina e Motta (2005). Isso ocorre porque parcela da água de chuva que se infiltra na estrutura de pavimento fica retida como parte do material. Dessa forma, solos como areias finas e siltes podem apresentar elevado grau de saturação, mesmo distantes do nível da água. Também, quando ocorre o rebaixamento do lençol freático em uma massa de solo, certa quantidade de água fica armazenada nos vazios, formando meniscos e ficando retida na camada do pavimento.

A água proveniente da ascensão capilar não pode ser drenada pela ação da gravidade. Para o controle do movimento recomenda-se a implantação de camada drenante ou de bloqueio para interceptar o fluxo da água.

1.1.2 Movimento da água

O movimento da água na estrutura do pavimento pode ser causado pela ação da gravidade, capilaridade, pressão do vapor ou combinação entre elas. O principal fluxo de água nos materiais granulares deve-se basicamente à gravidade, ao passo que, nos materiais de granulação fina (solos argilosos), a ação fica por conta da capilaridade. Na ausência desses indutores a água se movimentará, inicialmente, em forma de vapor, em razão das diferenças de pressão.

O movimento da água devido à força gravitacional obedece à lei de Darcy para fluxo saturado. Para fins de projeto de drenagem, é usual sua aplicação direta para determinar a vazão de percolação em meios porosos.

$$Q = k \cdot i \cdot A \qquad (1.1)$$

onde:
Q = Vazão
k = Coeficiente de permeabilidade
i = Gradiente hidráulico
A = Área da seção transversal normal à direção do fluxo

A fórmula de Darcy pode ser empregada em conjunto com a equação da continuidade para constituir a equação diferencial que governa o fluxo de água subterrâneo. Cedergren (1974) sugere o desenho de redes de fluxo para resolver o problema de forma simplificada.

No interior do pavimento a água se move em forma de vapor, da região mais quente para a mais fria. O vapor se condensa sob o pavimento à noite, quando este se torna frio. Em regiões de clima temperado, dependendo da estação do ano, ocorre migração, de maneira mais acentuada, da umidade em forma de vapor no interior da estrutura, para cima e para baixo. Esses movimentos de água em forma de vapor são, muitas vezes, responsáveis pela elevada umidade registrada nas bases granulares. No entanto, tendo em vista a magnitude do volume de água envolvido e a complexidade da análise desse movimento, esse assunto normalmente é desprezado no dimensionamento hidráulico do sistema de drenagem.

1.2 Efeitos adversos da presença de água nos pavimentos

As estradas do Império Romano foram construídas acima do nível dos terrenos vizinhos, com uma camada drenante de areia sobre o subleito e com seções espessas de pedras lamelares cimentadas entre si, demonstrando que a preocupação técnica quanto aos efeitos da água no interior do pavimento é bastante antiga.

No século XIX, pesquisadores como Tresaguet, Metcalf, Telford e MacAdam trouxeram novamente à discussão a necessidade de manter a estrutura de pavimento livre da umidade excessiva. A partir desse momento, a drenagem passou a ser considerada e analisada sistematicamente nos projetos viários.

Com o desenvolvimento de métodos racionais de dimensionamento de pavimento, foi introduzido o conceito da utilização de amostras saturadas de solo para estimativa do suporte de bases, sub-bases e subleitos. Assim, tornou-se ideia frequente que a utilização de bases espessas e subleitos estáveis, com boa capacidade de suporte sob condição de saturação, são suficientes para garantir o bom desempenho da estrutura de pavimento.

Os projetistas, ao dimensionar o pavimento com base em procedimentos apoiados em ensaios de amostras saturadas, como o método do CBR (que dá origem ao método do DNER/DNIT), não esperam que haja a necessidade de considerar também os fatores ambientais, como, por exemplo, a intensidade de precipitação.

Entretanto, observações efetuadas por Cedergren (1974) demonstram que nem a seção transversal, nem a espessura têm algum efeito sobre o bombeamento de finos, indicador da presença de água no interior da estrutura do pavimento:

> Os estudos feitos até esta data não mostram que o aumento de espessura do pavimento, além do necessário para as cargas impostas e os valores normais de suporte do subleito, auxiliará ou será economicamente justificável para combater esse fenômeno.

Ainda de acordo com o autor, durante o tempo em que a água livre está contida na estrutura do pavimento, as cargas de roda produzem dano muito superior em relação aos períodos em que a estrutura de pavimento se encontra seca.

Apesar disso, é comum a ideia de que uma estrutura de pavimento robusta, com materiais estabilizados pouco suscetíveis aos efeitos da umidade excessiva, é suficiente para absorver os impactos gerados pela passagem dos veículos, desconsiderando a sinergia entre as cargas hidráulicas e as decorrentes do tráfego.

Tem-se verificado, porém, que os mais sérios danos causados ao pavimento devem-se às poropressões e à movimentação da água livre no interior de sua estrutura.

A água livre presente na base do pavimento pode servir de fonte para saturação indesejada das camadas subjacentes se estas forem constituídas de materiais de baixa permeabilidade e, principalmente, se apresentarem as saídas laterais bloqueadas.

Um pavimento pode ser estável a uma dada condição de umidade preconizada no inicio da construção (umidade ótima), mas se torna rapidamente instável quando seus materiais constituintes se tornam saturados, principalmente após o período de chuvas e quando sujeito a elevadas cargas do tráfego.

Elevadas pressões neutras são desenvolvidas pela ação dinâmica das cargas do tráfego em sua superfície, principalmente quando ocorre a presença de água livre no interior da estrutura, proporcionando a saturação das demais camadas subjacentes.

A maior evidência do efeito das forças hidrostáticas pulsantes é o bombeamento do material fino encontrado sob as placas de concreto de um pavimento rígido, fazendo que as partículas mais finas de solo sejam carreadas ou deslocadas pela água, formando vazios e consequente ruptura erosiva.

A diminuição da capacidade de suporte do subleito pela saturação e pela presença de vazios sob a placa pode levar à ruína precoce do pavimento, causada pelo trincamento por fadiga do concreto de cimento Portland ou do concreto asfáltico.

Em síntese, os efeitos danosos da água livre na estrutura de pavimento são:
- Redução da resistência dos materiais granulares não estabilizados e do solo do subleito.
- Bombeamento nos pavimentos de concreto com consequente formação de vazios, de degraus, trincamento e deterioração dos acostamentos.
- Bombeamento dos finos da base granular dos pavimentos flexíveis pela perda de suporte da fundação, devido à elevada pressão hidrodinâmica gerada pelo movimento do tráfego.
- Comportamento e desempenho insatisfatório dos solos expansivos devido à presença de água.
- Trincamento dos revestimentos (asfáltico e concreto de cimento Portland) em função do contato direto com a água.

Fig. 1.11 *Superfície de pavimento asfáltico com trincamento excessivo*

A Fig. 1.11 apresenta um pavimento asfáltico com a superfície excessivamente trincada.

Dessa forma, como a água livre no interior da estrutura afeta a resistência dos materiais, sua remoção por meio de fluxos vertical ou lateral com drenos subsuperficiais deve ser parte integrante do processo de dimensionamento de pavimentos, objetivando o aumento de sua vida útil.

1.2.1 Efeitos da água livre nos pavimentos

A ação das cargas do tráfego induz a elevadas pressões hidrostáticas no interior da estrutura do pavimento, resultando em movimentação das partículas de solo na interface das camadas. As partículas de solo do subleito e sub-base são carreadas pela água para as interfaces entre as camadas e para as juntas e/ou trincas, proporcionando o surgimento de vazios na seção do pavimento.

Assim, a saturação da estrutura do pavimento causada pela elevação do lençol freático ou pela infiltração pelas bordas ou superfície prejudica sua capacidade de suportar as solicitações dinâmicas do tráfego.

Em pavimentos asfálticos, os danos surgem com a elevação das poropressões, que acarretam perda de suporte das camadas não estabilizadas (base, sub-base e subleito) e trincamento do revestimento. Na sequência, as poropressões provocam o bombeamento de finos através das trincas formadas na superfície do pavimento, conforme indica a Fig. 1.12.

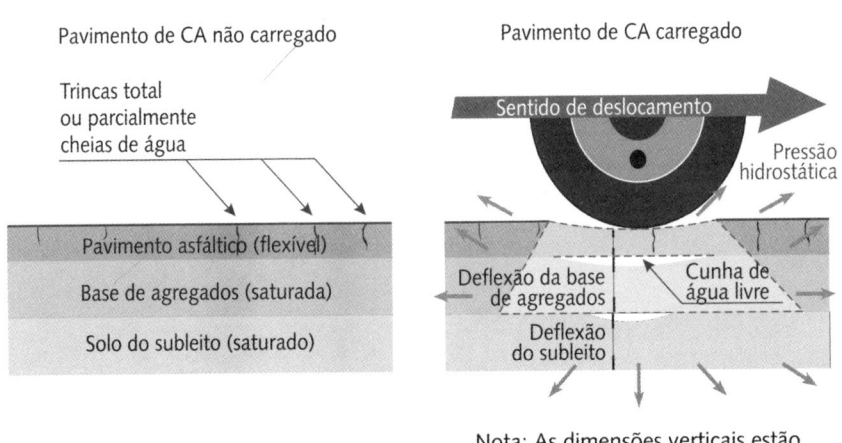

Fig. 1.12 *Ação da água livre em pavimentos asfálticos*

Em pavimentos com revestimento de concreto de cimento Portland ocorre ação similar, com o bombeamento de finos através das juntas, trincas ou bordas das placas. Para pavimentos de CCP sem barras de transferência de carga, o empenamento das placas provocado pelos gradientes térmicos faz que a placa fique em contato com a sub-base apenas na região central, permitindo a formação de espaços livres nas bordas transversais das placas, onde a água livre pode ficar armazenada. Quando isso ocorre, a passagem do tráfego sobre a placa induz a movimentação da água com uma pressão elevada na direção da placa seguinte. Quando a roda ultrapassa a junta, a primeira placa retorna à posição original e a borda da próxima placa se desloca para baixo, provocando o bombeamento de finos através da junta e a consequente erosão da sub-base, conforme apresentado na Fig. 1.13.

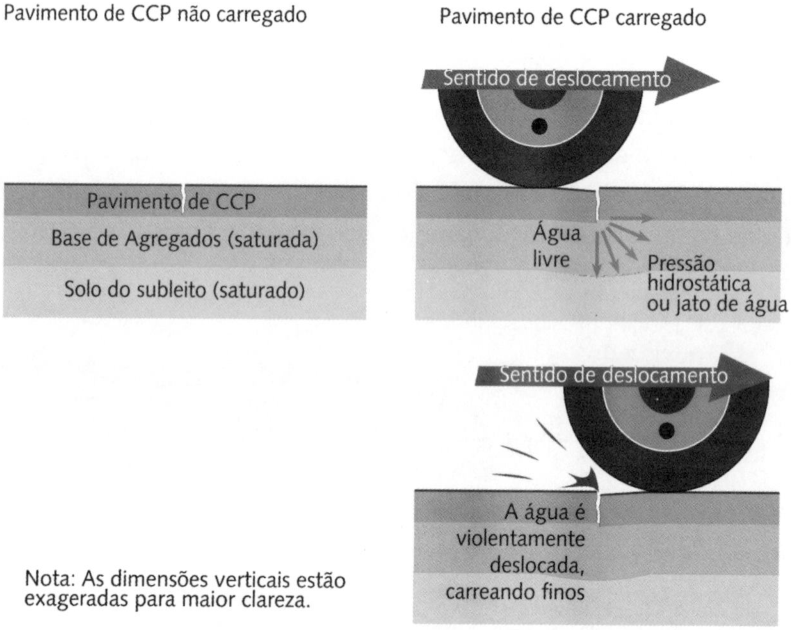

Fig. 1.13 *Efeito do bombeamento em pavimentos de CCP*

Quando os sinais de exsudação de água e bombeamento indicados nas Figs. 1.12 e 1.13 se tornam visíveis, fica evidenciado que as estruturas de pavimento não têm mais condições de suportar adequadamente o tráfego.

Em função da magnitude dos danos causados às estruturas dos pavimentos atribuídos a falhas no sistema de drenagem, foram realizadas inúmeras pesquisas, principalmente nos Estados Unidos, sobre os mecanismos de deterioração dos pavimentos. Com base em algumas dessas pesquisas, pode-se afirmar que os principais mecanismos de danos ao pavimento relacionados à deficiência da drenagem subsuperficial e ao excesso de água livre são:

- o empenamento das placas de CCP;
- as poropressões;
- a perda de suporte das camadas;
- a oxidação do ligante asfáltico.

A oxidação e, por conseguinte, o desempenho do ligante asfáltico estão relacionados não só aos teores de umidade a que o revestimento ou base estabilizada estão sujeitos, mas também à dosagem das misturas e ao comportamento físico-químico do material. Em vista disso, esse mecanismo de dano não será abordado neste trabalho.

Apresentam-se, a seguir, alguns efeitos relacionados à presença de água livre na estrutura do pavimento citados no guia da AASHTO (1993), e alguns se aproximam dos resultados encontrados na pista experimental estudada no item 1.2.3.

- A água nos revestimentos asfálticos proporciona redução no módulo de resiliência e diminuição na resistência à tração. A saturação da camada pode reduzir o módulo em mais de 30% em relação à condição seca.
- A umidade excessiva nas bases e sub-bases essencialmente granulares pode resultar na perda de rigidez em mais de 50%.
- A água livre é responsável por redução superior a 30% nas bases tratadas com asfalto e também pelo incremento de suscetibilidade a erosão das bases estabilizadas com aglomerante hidráulico do tipo cimento ou cal.
- Subleitos saturados de solo fino granular podem ter seus módulos de resiliência reduzidos em mais de 50%.

Empenamento

Embora o empenamento das placas de concreto de cimento Portland dependa fortemente da umidade, é também função da dosagem do concreto, da variação de temperatura ambiental a que o pavimento está sujeito e da concepção do pavimento (presença de barras de transferência de carga, base aderida ou isolada e comprimento da placa).

O CCP se contrai quando perde umidade e, caso o movimento da placa seja impedido, surgem tensões de tração no concreto. Caso ocorra variação de umidade entre as faces inferior e superior da placa, pode ocorrer o empenamento pelo aparecimento de tensões de tração em uma face e de compressão na outra.

As placas têm a tendência de retrair a face superior, provocando o levantamento das bordas. Formam-se, então, tensões de compressão na face inferior e de tração na face superior. Em pavimentos com barras de transferência o fenômeno é restrito. Porém, em pavimentos desprovidos de barras, as bordas das placas podem perder o contato com a base, podendo gerar trincas de canto ou o efeito de placa "bailarina".

Poropressões

As pressões da água que podem surgir sob o impacto das rodas e causam erosão e ejeção de material são denominadas poropressões ou pressões pulsantes.

As pressões de bombeamento que surgem no interior do pavimento quando solicitado pelo tráfego constituem o principal mecanismo causador de danos às estruturas. Quando a água livre preenche completamente as camadas da infraestrutura e também os vazios e os espaços ou aberturas nos contatos entre as camadas, a aplicação das cargas de roda produz impactos comparados a uma ação do tipo golpe de aríete, que consiste na variação da pressão que ocorre em determinado conduto como consequência da mudança de velocidade do escoamento.

Pela Hidráulica, o golpe de aríete é considerado um caso particular dos fenômenos transitórios, aplicado a condutos fechados. A fase de adaptação às novas condições de escoamento é acompanhada de ondas de pressão que percorrem os vazios a elevadas velocidades, que se vão atenuando até o estabelecimento do novo regime de escoamento.

Em função do movimento da água livre no interior da estrutura do pavimento, o estudo das pressões hidráulicas deve considerar também o princípio de Pascal. Quando há uma pressão aplicada a um fluido, esta será integralmente transmitida por todos os pontos desse fluido, ou seja, todas as camadas sob efeito da saturação sofrerão ações das poropressões, considerando aí as perdas de carga hidráulica provocadas pela drenagem das camadas.

Com base nesses conceitos, pode-se afirmar que o bombeamento de finos tem origem nas tensões hidráulicas geradas pela resistência ao deslocamento da água livre no interior do pavimento. Ao ser aplicada a carga oriunda do tráfego, a água tende a se movimentar em elevada velocidade pelos vazios comunicantes. Porém, seu movimento é reduzido em função da baixa permeabilidade dos materiais integrantes da estrutura, gerando tensões internas.

Além da erosão e bombeamento, as poropressões podem provocar o desprendimento de películas asfálticas de bases e sub-bases estabilizadas com betume. As poropressões podem causar a desintegração de bases estabilizadas com cimento, o enfraquecimento de bases granulares, a sobrecarga de subleitos, entre outros prejuízos.

Perda de suporte

A perda da capacidade de suporte do material ocorre basicamente em função da expansão das partículas e da redução do atrito interno, causando a diminuição da resistência ao cisalhamento.

O fenômeno de expansão é característico de materiais com granulometria fina, ou seja, siltes e argilas.

O aumento de volume dos solos e sua consequente expansão ocorrem, primeiramente, por sucção de água para dentro dos poros do solo, e depois por adsorção para o interior da estrutura cristalina dos grãos. O afastamento dos grãos provocado pela sucção acarreta a desestruturação interna da camada. Nos casos em que são atingidos teores de umidade elevados no interior da camada, o processo de bombeamento pode ocorrer com a solicitação pelo tráfego.

Ocorrendo ou não o bombeamento, após a expansão e a posterior redução do teor de umidade a teores próximos ao da umidade ótima, os vazios gerados pela expansão, antes ocupados pela água, agora são ocupados por ar, tornando o solo poroso e reduzindo a capacidade de suporte e, consequentemente, o módulo de resiliência.

A perda de suporte de materiais não estabilizados ocorre em função da diminuição do atrito interno dos grãos, pois o aumento do teor de umidade provoca o aumento da lubrificação no contato das partículas. Esse efeito pode ser verificado por meio da análise da curva de compactação de um solo qualquer.

Ao aumentar o teor de umidade no ramo seco da curva de Proctor, verifica-se um aumento da densidade até atingir um valor máximo, para o qual se obtém o teor de umidade ótima. Ao prosseguir a compactação com teores de umidade superiores à ótima, verifica-se uma queda na densidade do material. O aumento do teor de umidade provoca uma lubrificação excessiva nos contatos entre os grãos, proporcionando a ocorrência de elevadas deformações plásticas e impedindo a melhor compactação do solo, refletindo em uma densidade inferior à máxima.

O fenômeno da lubrificação dos grãos e redução do atrito interno ocorre tanto para os solos das camadas de subleito e de reforço como também para os materiais granulares utilizados em camadas de sub--base e base do pavimento.

O aumento do teor de umidade proporciona uma redução na resistência ao cisalhamento, que implica redução da capacidade de suporte e do módulo de resiliência da camada, resultando em deformações plásticas excessivas quando o pavimento é submetido à ação das cargas do tráfego.

A Fig. 1.14, a seguir, apresenta as variações do Índice de Suporte Califórnia (CBR), da Expansão e da Massa Específica Aparente Seca de um solo convencional não estabilizado em função da variação do teor de umidade.

1.2.2 Principais tipos de defeitos

A infiltração superficial, o nível do lençol freático, a ascensão capilar e o excesso de percolação de água são fatores fundamentais que acarretam saturação dos materiais e desenvolvimento de defeitos nos pavimentos relacionados à presença de teores elevados de umidade na estrutura.

O bombeamento de finos das camadas inferiores e o trincamento do revestimento são as principais evidências da presença de umidade excessiva na estrutura do pavimento.

Os defeitos de pavimentos asfálticos relacionados com a umidade caracterizam-se pela elevada deflexão na superfície, baixo raio de curvatura da bacia de deformação, trincamento por fadiga, redução da capacidade de suporte e desagregação. O Quadro 1.1 reproduz uma lista com os principais defeitos em pavimentos asfálticos e as prováveis causas relacionadas (umidade, clima, tráfego, material).

O pavimento rígido de concreto de cimento Portland também é susceptível ao efeito da água. Os principais defeitos devidos à presença

1 | Água e pavimento

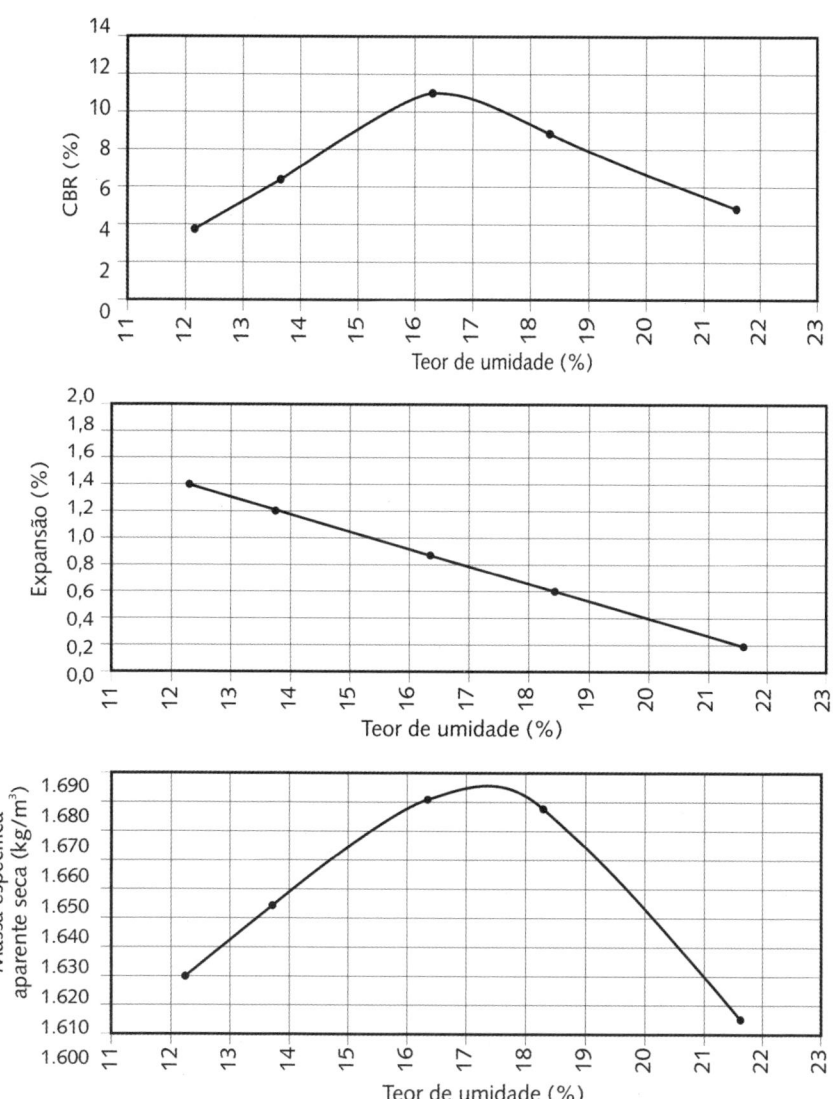

Fig. 1.14 CBR, Expansão e Massa Específica Aparente Seca em função do teor de umidade

de umidade são a instabilidade do subleito, o bombeamento de finos e a consequente perda de suporte, além de anomalias do tipo trinca de canto. O Quadro 1.2 reproduz uma lista com os principais defeitos em pavimentos rígidos relacionados à umidade (Ridgeway, 1982).

Drenagem subsuperficial de pavimentos

Quadro 1.1 Defeitos em pavimentos asfálticos

Manifestação	Problema relacionado à umidade	Problema climático	Problema relacionado ao material	Carregamento associado	Início do defeito estrutural			
					Asfalto	Base	Sub-base	
Abrasão	Não	Não	Agregado	Não	Sim	Não	Não	
Exsudação	Não	Acentua-se em altas temperaturas	Betume	Não	Sim	Não	Não	
Desintegração	Não	Não	Agregado	Ligeiramente	Sim	Não	Não	
Intemperismo	Não	Umidade	Betume	Não	Sim	Não	Não	
Inchamento	Excesso	Congelamento	Umidade	Sim	Não	Sim	Sim	
Corrugação	Ligeiramente	Rel. entre clima e sucção	Mistura instável	Sim	Sim	Sim	Sim	
Escorregamento	Não	Acentua-se em altas temperaturas	Mistura instável Perda de ligante	Sim	Sim	Não	Não	
Afundamento de trilha de roda	Excesso em grandes camadas	Sucção e materiais	Propriedades de compactação	Sim	Sim	Sim	Sim	
Ondulação	Excesso	Sucção e Materiais	Expansão da argila suscetível ao congelamento	Não	Não inicialmente	Não	Sim	
Depressão	Excesso	Sucção e Materiais	Assentamento	Sim	Não	Não	Sim	
Panelas	Excesso	Congelamento	Umidade	Sim	Não	Sim	Sim	
Trincamento Longitudinal	Sim	Perda de resistência com o degelo	Propriedades térmicas	Sim	Falha de construção	Sim	Sim	
Trincamento Jacaré	Sim, drenagem	Não	Possível problema de mistura	Sim	Sim, mistura	Sim	Sim	
Trincamento Transversal	Sim	Baixa temperatura gelo – degelo	Propriedades térmicas	Não	Sim, susceptível à temperatura	Sim	Sim	
Trincamento Retração	Sim	Sucção Perda de umidade	Sensível à umidade	Não	Sim, fortemente	Sim	Sim	
Trincamento Parabólico	Sim	Não	Perda de ligante	Sim	Sim, no ligante	Não	Não	

1 | Água e pavimento

Quadro 1.2 Defeitos em pavimentos rígidos

Manifestação		Problema relacionado à umidade	Problema climático	Problema relacionado ao material	Carregamento associado	Início do defeito estrutural		
						Placa	Sub-base	Subleito
Esborcinamento		Possivelmente	Não	Possivelmente	Não	Sim	Não	Não
Escamação		Sim	Ciclos de gelo-degelo	Influência química	Não	Sim, no acabamento	Não	Não
D-Trincamento		Sim	Ciclos de gelo-degelo	Agregado	Não	Sim	Não	Não
Fissuração		Sim	Não	Rico em argamassa	Não	Sim, superfície fraca	Não	Não
Levantamento/Alçamento		Não	Temperatura	Propriedades térmicas	Não	Sim	Não	Não
Bombeamento		Sim	Umidade	Presença de finos na base sensíveis à umidade	Sim	Não	Sim	Sim
Degrau		Sim	Umidade e sucção	Deformação de assentamento	Sim	Não	Sim	Sim
Empenamento		Possivelmente	Umidade e temperatura	Não	Não	Sim	Não	Não
Puncionamento Quebras localizadas		Sim	Sim	Deformação seguida de fissuração	Sim	Não	Sim	Sim
Junta		Produz dano depois	Possivelmente	Finos apropriados Limpeza das juntas	Não	Junta	Não	Não
Trincas	Canto	Sim	Sim	Devido ao bombeamento	Sim	Não	Sim	Sim
	Diagonal Transversal Longitudinal	Sim	Possivelmente	Ocorre com o aumento da umidade	Sim	Não	Sim	Sim

Em resumo, os três principais fatores na aceleração dos defeitos relacionados à umidade são:

- Infiltração: a intensidade pluviométrica elevada ou prolongada implica volume significativo de água infiltrando-se através das trincas e juntas. Considerando os materiais de base e subleito com baixa permeabilidade, a água retida no interior da estrutura acelera a deterioração do pavimento.
- Tráfego: a associação do tráfego elevado com cargas pesadas e a movimentação da água no interior da estrutura acelera a degradação do pavimento, conforme apresentado por meio das Figs. 1.12 e 1.13.
- Estrutura do pavimento: a compatibilidade e a transmissividade hidráulica dos materiais constituintes do pavimento podem contribuir para o acúmulo de água no interior da estrutura, acelerando sua deterioração.

As Figs. 1.15 a 1.22 apresentam alguns dos defeitos citados nos Quadros 1.1 e 1.2.

Figs. 1.15 e 1.16 *Pavimentos asfálticos – afundamento em trilha de roda*

Figs. 1.17 e 1.18 *Pavimentos asfálticos – trincamento*

Fig. 1.19 *Pavimentos asfálticos – panela*

Fig. 1.20 *Pavimentos asfálticos – bombeamento de finos*

Fig. 1.21 *Pavimento rígido – abertura de juntas*

Fig. 1.22 *Degrau e abertura de junta – junção pavimento rígido e acostamento com revestimento asfáltico*

1.2.3 Influência da infiltração da água pela borda do pavimento

Artigo apresentado na RPU 2003 (Reunião de Pavimentação Urbana da Associação Brasileira de Pavimentação) com adaptações (Pereira e Suzuki, 2003)

Com a finalidade de avaliar a influência da infiltração da água pela borda do pavimento em seu desempenho estrutural, foram analisados dois levantamentos deflectométricos em um mesmo segmento experimental, sendo o primeiro em época de chuvas e o segundo no final do período de estiagem.

Características do trecho

O trecho experimental localizado no interior do Estado de São Paulo consiste em parte da pista da duplicação da rodovia SP-308, com extensão de 840 m em tangente, greide praticamente em nível e largura de plataforma de 10,5 m, sendo aproximadamente metade do segmento construído em corte e metade em aterro.

A estrutura do pavimento estudado é do tipo flexível, constituída por subleito e reforço de subleito com material laterítico selecionado, possuindo o reforço do subleito 20 cm de espessura, camada de base estabilizada granulometricamente com 25 cm de espessura e camada de *binder* em concreto asfáltico (CA) de granulometria aberta com 5 cm de espessura.

Não havia sido implantado sistema de drenagem subsuperficial no segmento experimental.

O segmento não havia sido aberto ao tráfego, portanto, não apresentava defeitos como trilhas de roda ou trincamento, característicos da solicitação. Apesar de o revestimento ser constituído, na época, apenas por *binder*, a infiltração através da superfície pôde ser considerada desprezível. O lençol freático encontrava-se distante da superfície e não foram localizadas nascentes quando da execução do segmento em questão. Portanto, conclui-se que a infiltração de água predominante ocorreu pelas bordas do pavimento e foi agravada devido à ausência do sistema de drenagem.

Levantamento deflectométrico

Fazendo-se uso do equipamento Falling Weight Deflectometer (FWD), foram levantadas bacias de deflexão de 20 m em 20 m, a 1,5 m do bordo direito, no eixo, e a 1,5 m do bordo esquerdo; portanto, em cada estaca foram levantadas três bacias de deflexões.

O estaqueamento original da obra foi preservado durante as duas campanhas de campo, possibilitando a execução do levantamento em pontos muito próximos, ou mesmo coincidentes, nos dois levantamentos.

Apresentação e análise dos resultados

A Tab. 1.1 mostra os resultados obtidos pelo tratamento estatístico dos dados referentes às deflexões (D_0) e (D_{120}), respectivamente no ponto de aplicação da carga e afastado 120 cm do local.

Tab. 1.1 Resumo dos resultados dos levantamentos deflectométricos

Discriminação	1º levantamento			2º levantamento		
	Bordo esquerdo	Eixo central	Bordo direito	Bordo esquerdo	Eixo central	Bordo direito
Deflexão máxima – D_0						
• Média (10^{-2} mm)	70,8	44,1	75,0	43,5	38,2	45,6
• Característica (10^{-2} mm)	88,0	53,5	89,1	50,7	44,9	53,2
• Desvio em relação à deflexão característica do eixo (%)	64,5	0,0	66,5	12,9	0,0	18,5
Deflexão – D_{120}						
• Média (10^{-2} mm)	2,5	2,3	2,6	2,4	2,3	2,5
• Característica (10^{-2} mm)	3,0	2,7	3,1	2,8	2,6	2,8
• Desvio em relação à deflexão característica do eixo (%)	11,1	0,0	14,8	7,7	0,0	7,7

Com base nos resultados apresentados, observa-se que, no primeiro levantamento, realizado em época de chuvas, as deflexões características sob os pontos de aplicação das cargas, em ambas as bordas, apresentaram valores cerca de 65% superiores à deflexão característica no eixo da pista, ao passo que, no levantamento realizado na época de estiagem, as deflexões características nos bordos da plataforma excederam a do eixo em valores inferiores a 20%.

Com relação às deflexões a 120 cm do ponto de aplicação da carga, onde se manifestam fundamentalmente as condições de suporte do subleito, no primeiro levantamento a relação obtida entre as deflexões características levantadas no eixo e nos bordos foram inferiores a 15%, e no segundo levantamento essa relação foi da ordem de 8%, confirmando o bom desempenho dos solos lateríticos quando expostos a variações no teor de umidade, desde que adequadamente compactados.

A Tab. 1.2 indica as relações entre as diferenças encontradas nas deflexões características dos levantamentos realizados nos períodos de chuva e de seca.

Tab. 1.2 Variação nos valores das deflexões encontradas no período úmido em relação ao período seco

Discriminação	Acréscimo das deflexões (%)		
	Bordo esquerdo	Eixo central	Bordo direito
Deflexão D_0	73,6	19,2	67,5
Deflexão D_{120}	7,1	3,8	10,7

Com base no exposto, e considerando que a deflexão no ponto de aplicação da carga indica o comportamento da estrutura do pavimento como um todo e que a deflexão a 120 cm do ponto de aplicação da carga reflete principalmente o comportamento do subleito, conclui-se que:

- A infiltração ocorreu predominantemente pelos bordos do pavimento, pois as deflexões D_0 foram cerca de 70% superiores nos bordos no período úmido em relação ao período seco, enquanto, no eixo, essa variação foi de aproximadamente 19%.
- O subleito constituído por solo laterítico apresentou bom desempenho quando exposto a excesso de umidade, apresentando variação de cerca de 9% no período úmido em relação ao período seco.
- A camada de base granular apresentou elevada sensibilidade à variação do teor de umidade, demonstrada pelo acréscimo de cerca de 70% no valor das deflexões encontradas em época de chuvas em relação aos valores encontrados em época de seca.
- A infiltração pelas bordas da estrutura do pavimento ocasiona uma redução na capacidade estrutural do pavimento nas extremidades da plataforma em relação ao eixo.

Com base nos dados do levantamento deflectométrico realizado durante o período de chuvas, foram retroanalisados os módulos de resiliência dos materiais constituintes do revestimento, base granular e revestimento.

O resumo dos resultados para as posições do eixo e bordos da plataforma pavimentada está apresentado na Tab. 1.3.

Tab. 1.3 Resumo dos resultados da retroanálise. Deflexões, módulos e variações percentuais entre medidas

Posição da pista		Deflexões (10^{-2} mm)		Módulos de resiliência (kgf/cm²)		
		D_0	D_{120}	E_1	E_2	E_3
Valores	Bordo esquerdo	70,8	2,5	23.486	1.337	3.086
	Eixo central	44,1	2,3	24.617	2.712	5.256
	Bordo direito	75,0	2,6	26.042	1.315	3.299
Variação percentual	Bordo esquerdo	1,61	1,09	0,95	0,49	0,59
	Eixo central	1,00	1,00	1,00	1,00	1,00
	Bordo direito	1,70	1,13	1,06	0,48	0,63

Notas:
E_1 = Módulo do revestimento – CA
E_2 = Módulo da base – BEG
E_3 = Módulo do subleito
D_0 = Deflexão máxima
D_{120} = Deflexão afastada a 120 cm do ponto de aplicação de carga

Com base na análise dos resultados encontrados, foi possível concluir que:

- A variação encontrada entre os módulos médios do eixo e dos bordos do revestimento em concreto asfáltico está incluída na dispersão de valores, em consequência das diversas fases de procedimento de execução da camada.
- A maior parcela de redução da capacidade estrutural é causada pela perda de suporte da camada de base, evidenciada pela redução do módulo resiliente E_2 em cerca de 50% em relação ao do eixo, no caso estudado.
- O subleito apresentou uma redução da ordem de 40% no módulo de resiliência E_3 em relação ao eixo.
- É sensível a influência das condições de drenagem nas deflexões e nos módulos resilientes, demonstrando redução na capacidade estrutural em vista da infiltração de água pelas bordas do pavimento.

2 Controle da água e elementos do sistema

2.1 Critérios de controle da água nos pavimentos

A umidade está sempre presente no solo e nos materiais granulares de pavimentação em uma das seguintes formas:

- Água capilar: umidade retida nos poros do solo acima do nível de saturação ou sob a ação da tensão superficial.
- Água de adesão: umidade que fica aderida à superfície das partículas do solo.
- Vapor de água: umidade no estado gasoso.
- Água livre: excesso de umidade propriamente dito.

A água livre no subleito e nas camadas de sub-base e base de pavimentos é de extrema importância, porque causa diminuição na resistência do material por:

- Redução na coesão aparente pela diminuição das forças capilares.
- Redução do atrito intergranular por lubrificação.
- Redução da densidade efetiva do material abaixo do lençol freático.
- Diminuição da capacidade pelo desenvolvimento de pressões neutras que aumentam ou oscilam sob a ação das cargas do tráfego.

Os efeitos danosos da água livre no pavimento podem ser minimizados evitando sua entrada pela superfície, prevendo drenagem subsuperficial adequada para remover rapidamente a água infiltrada, ou construindo pavimento suficientemente robusto para resistir ao efeito combinado da carga de tráfego pesado e da umidade em excesso no interior de sua estrutura.

Nos projetos de pavimentação, o maior objetivo quanto ao aspecto de drenagem subsuperficial é procurar evitar que os materiais constituintes de suas camadas fiquem saturados ou expostos a elevados níveis de umidade por longos períodos de tempo. Os três principais critérios que podem ser considerados para controlar e minimizar os problemas causados pela saturação são:

a] Selar apropriadamente o pavimento e minimizar a infiltração de água no interior de sua estrutura, por meio de:
- Utilização de materiais selantes e técnicas apropriadas para as juntas e trincas longitudinais e transversais.
- Projeto de pavimentos usando membranas impermeáveis.
- Emprego de estrutura totalmente impermeável no revestimento, base e sub-base, inclusive nos acostamentos.
- Instalação de drenos interceptores para evitar a infiltração de água pelas bordas da seção do pavimento.
- Programa eficiente de manutenção e selagem das trincas ao longo da vida útil do pavimento.

b] Empregar, em todas as camadas, materiais pouco suscetíveis à umidade e resistentes ao trincamento por causa da presença de água:
- Uso de materiais estabilizados nas camadas granulares (cal, cimento e ligantes betuminosos).
- Selecionando materiais granulares com baixos teores de finos e baixa plasticidade e que resistam aos efeitos de umidades elevadas em relação aos materiais densamente graduados.
- Dosando adequadamente os materiais para obter misturas resistentes à ação da água quanto ao trincamento.
- Prevendo a utilização de fundações do pavimento sobre subleitos constituídos de solos expansivos quando em contato com excesso de umidade.

c] Prover adequada drenagem interna para efetivamente remover qualquer água livre que possa se infiltrar no pavimento antes do início do processo de degradação, por meio das seguintes intervenções:
- Projeto de sistemas de drenagem que mantenham permanentemente rebaixado o nível do lençol freático e possam remover qualquer água que se infiltre no interior de sua estrutura.
- Uso de bases e sub-bases permeáveis que sejam projetadas como camadas estruturais e também sirvam de camadas drenantes. Como resultado, a água que se infiltra pelo pavimento será drenada transversalmente e lançada aos drenos longitudinais, antes que alcance e comprometa o subleito.
- Previsão de camadas drenantes na interface com o subleito.

Na realidade, nenhuma dessas soluções é equivalente entre si nem totalmente eficiente. Assim, um projeto de sistema de drenagem deve contemplar a melhor combinação desses critérios e recomendações. Por exemplo, é virtualmente impossível selar completamente o pavimento. Entretanto, as providências de selagem em conjunto com um sistema de drenagem subsuperficial implantado drenarão rapidamente a água porventura infiltrada, contribuindo para o aumento da vida útil do pavimento.

2.1.1 Prevenção de entrada de água

A prevenção contra a entrada da água na estrutura do pavimento requer a interceptação do lençol freático e a selagem de trincas ou juntas de construção na superfície do pavimento por meio de técnicas adequadas de manutenção.

O efeito danoso da percolação da água devido à elevação do lençol freático tem sido bem documentado, e os engenheiros têm dispensado cuidados para o rebaixamento do nível da água. Entretanto, pouca atenção tem sido dada à selagem das trincas na superfície, permitindo, assim, a infiltração das águas de chuva. Como consequência, uma considerável quantidade de água frequentemente penetra a estrutura do pavimento.

Para minimizar a infiltração da água pela superfície, é interessante, também, que a plataforma tenha um bom sistema de drenagem superficial. Para facilitar a drenagem superficial, declividades transversais adequadas da plataforma são previstas nas seções em tangente ao longo de toda a via.

Normalmente, nas rodovias de pistas simples com duas faixas de tráfego, cada faixa apresenta declividade transversal com caimento para fora da pista, ao passo que nas rodovias de múltiplas faixas o caimento é constante, direcionado para fora da pista.

Nos trechos em curva, por causa da superelevação para combater a força centrífuga, as declividades são direcionadas para a parte interna da curva.

A Fig. 2.1 mostra seções transversais típicas de rodovias de pista simples e de rodovias divididas com múltiplas faixas por sentido.

2 | Controle da água e elementos do sistema

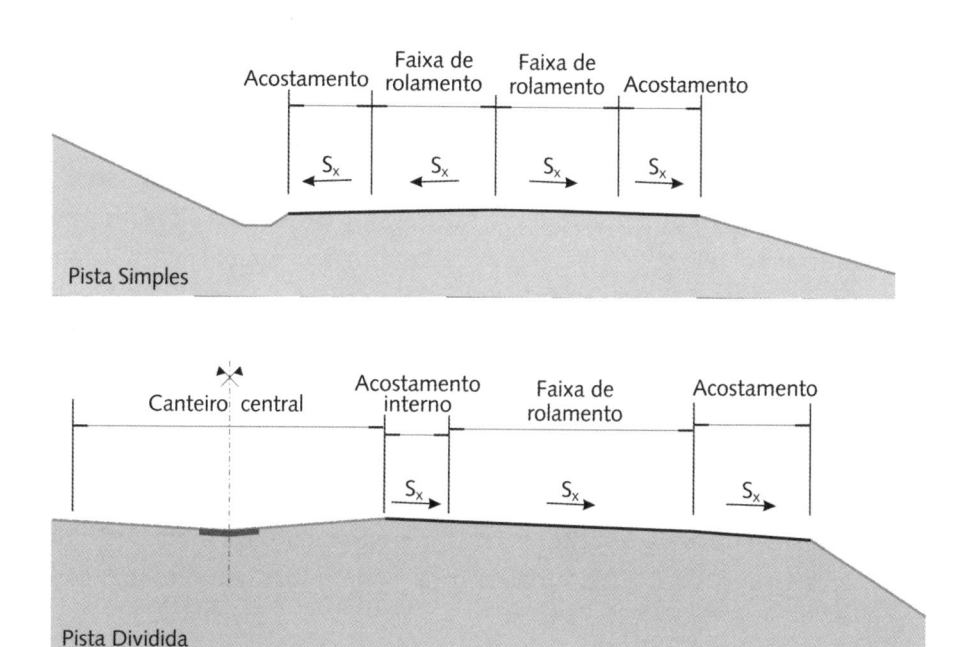

Fig. 2.1 Seções transversais típicas

A Tab. 2.1 mostra as declividades mínimas típicas da pista, dos acostamentos e das valetas laterais normalmente empregadas nas rodovias para garantia de boas condições de drenagem superficial.

Tab. 2.1 Declividades transversais típicas dos elementos da plataforma

Local	Declividade (%)
Pista de rolamento	1,5 – 3,0
Acostamento	3,0 – 7,0
Valetas	25,0 – 50,0

Tendo em vista a dificuldade de se prevenir ou evitar totalmente a entrada da água pela superfície, recomenda-se a instalação de dispositivos de drenagem subsuperficial para a remoção complementar da água acumulada na estrutura, principalmente em rodovias de tráfego com elevado volume de veículos comerciais.

2.1.2 Seções robustas de pavimento

O emprego de pavimentos robustos de concreto asfáltico ou concreto de cimento Portland (CCP) pode reduzir substancialmente as pressões hidrodinâmicas, e, consequentemente, seus efeitos danosos.

De acordo com o Instituto do Asfalto Americano (*Asphalt Institute* – AI), a infiltração pela superfície é provavelmente a principal causa da entrada de umidade e saturação de bases granulares, e esse problema pode ser eliminado com a construção de pavimentos totalmente constituídos de misturas betuminosas assentadas diretamente sobre o subleito.

O mesmo pode ser dito dos pavimentos de concreto com sub-bases estabilizadas. Considerando que a água pode ainda se infiltrar até o subleito através de trincas e juntas ao longo dos bordos do pavimento, a espessura da estrutura deve ser dimensionada para a condição de subleito saturado, caso o sistema de drenagem subsuperficial não seja instalado.

2.1.3 Remoção rápida da água

Se a água penetrar na estrutura do pavimento, seja por meio da infiltração superficial ou pela elevação no nível do lençol freático, ela deve ser removida rapidamente antes que o processo de deterioração se inicie.

Um sistema eficiente de drenagem subsuperficial deve ser constituído pela camada drenante, pelo dreno raso longitudinal e por drenos transversais concebidos e dimensionados para garantir o bom funcionamento hidráulico ao longo do período de projeto.

A Fig. 2.2 mostra a localização da camada drenante na estrutura do pavimento. Em (a), a base granular é utilizada como camada drenante e satisfaz às duas condições de estabilidade e de permeabilidade. Em (b), a camada drenante é colocada no topo do subleito, e pode ser uma camada extra, sem apresentar contribuição estrutural, ou uma parte da sub-base.

A colocação da camada drenante logo abaixo do revestimento asfáltico ou da placa de CCP é preferível porque a água pode ser drenada e expelida mais rapidamente da estrutura, eliminando, assim, a possibilidade de ocorrer qualquer tipo de bombeamento.

2 | Controle da água e elementos do sistema

[Figura: seção transversal mostrando faixa de rolamento e acostamento]

a) Camada drenante como base

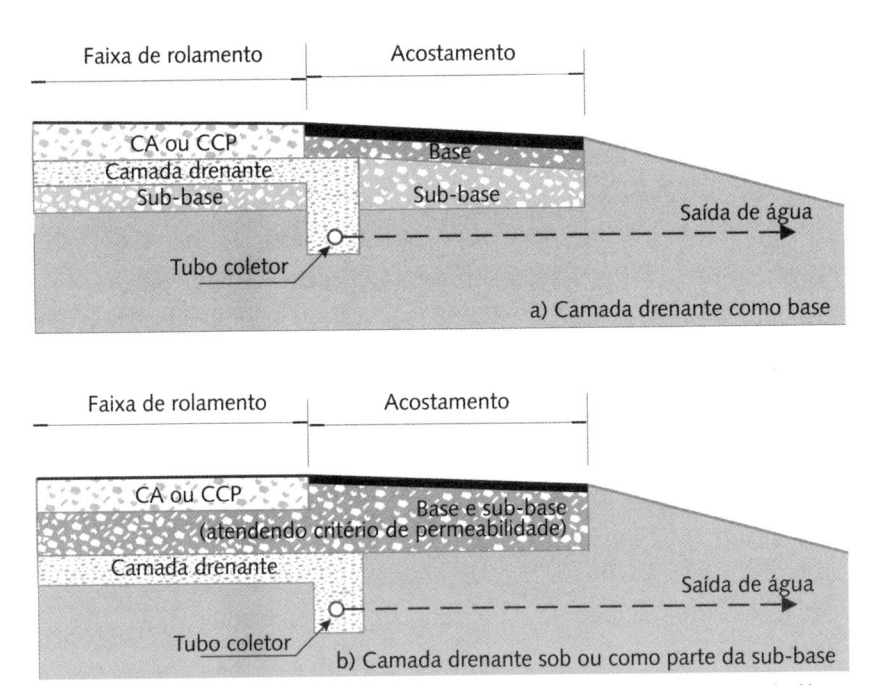

- CA ou CCP
- Camada drenante
- Sub-base
- Base
- Sub-base
- Tubo coletor
- Saída de água

b) Camada drenante sob ou como parte da sub-base

- CA ou CCP
- Base e sub-base (atendendo critério de permeabilidade)
- Camada drenante
- Tubo coletor
- Saída de água

Nota: Todas as camadas ao redor da camada drenante atendem aos critérios de filtro.

Fig. 2.2 *Localização da camada drenante*

Essa técnica, entretanto, pode apresentar desvantagens pela deficiência de finos na camada drenante, que poderá causar problemas de estabilidade. Também a água da sub-base poderá não ser drenada suficientemente pela camada granular sobrejacente. Caso a camada drenante seja colocada no topo do subleito, as permeabilidades da base e da sub-base devem ser maiores que o índice de infiltração; assim, a água poderá fluir livremente pela camada drenante.

É necessário prever, independentemente do posicionamento, como a água que escoa pela camada drenante será coletada. A Fig. 2.3 mostra um esquema para interceptar a infiltração superficial. O colchão drenante pode terminar interligado a um dreno raso longitudinal conectado a tubos de saída, como mostrado em (a), ou ser estendido até a saia do aterro, como ilustrado em (b).

As desvantagens da solução tipo (b) são a propensão de contaminação e entupimento das saídas laterais no talude que podem ocorrer durante a construção e operações de manutenção. Outras desvantagens

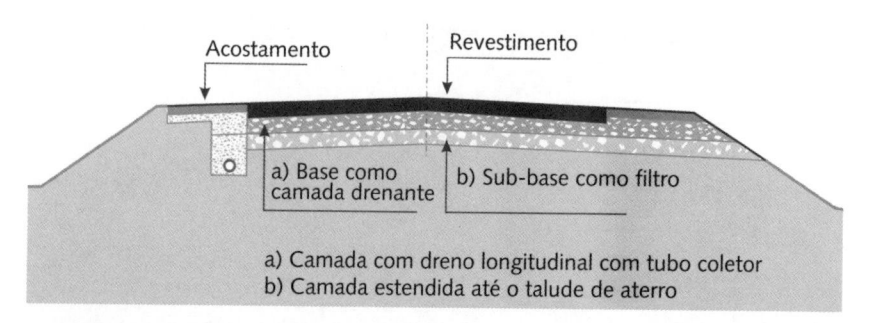

[Figura: esquema de seção transversal de pavimento mostrando Acostamento e Revestimento, com indicações:
a) Base como camada drenante
b) Sub-base como filtro
a) Camada com dreno longitudinal com tubo coletor
b) Camada estendida até o talude de aterro]

Fig. 2.3 *Camada drenante*

são o pequeno gradiente hidráulico, em virtude da enorme largura da camada drenante, e a possibilidade de carrear água proveniente de valetas laterais situadas no lado oposto do pavimento em vez de drenar a estrutura de interesse.

Assim, o uso de drenos rasos longitudinais é mais confiável e econômico que a construção de camadas drenantes que se estendem até a face do talude de aterro.

Os drenos rasos longitudinais podem ser constituídos essencialmente de brita, ou, ainda, com tubos perfurados ou com fendas. Os drenos com tubos são os mais utilizados, pois apresentam grande capacidade hidráulica e permitem aumentar o espaçamento das saídas de água.

2.1.4 Necessidade da drenagem subsuperficial

O movimento das cargas do tráfego na superfície do pavimento contendo água livre no interior de sua estrutura produzirá uma onda móvel de pressão ou poropressão hidrostática pulsante.

As magnitudes das pressões neutras são afetadas pelo tipo de solo, grau de compactação, teor de umidade inicial, natureza e variação de aplicação das cargas, flutuações de temperaturas, tratamento e rigidez dos materiais constituintes da estrutura do pavimento.

Num estudo sobre a necessidade de sistema de drenagem subsuperficial desenvolvido para a FHWA, Cedergren recomendou a implantação nos seguintes casos:

- Altura da precipitação média anual superior a 254 mm.
- Número de repetições de carga do eixo padrão de 8,2 tf superior a 250 por dia, durante toda a vida útil do pavimento, ou seja, N

aproximadamente igual a 10^6 repetições, considerando um período de dez anos.

O manual de Drenagem de Rodovias do DNIT (antigo DNER) recomenda a instalação de dispositivos de drenagem do pavimento nos seguintes casos:

- Em rodovias localizadas em regiões em que a altura de precipitação média anual é superior a 1.500 mm.
- Em rodovias com volume diário médio de veículos comerciais nos dois sentidos maior que 500.

2.1.5 Considerações sobre drenagem no dimensionamento estrutural de pavimento

Existem inúmeros trabalhos que mostram a influência da saturação no módulo de resiliência do subleito. Caso o pavimento não seja adequadamente drenado, o módulo de resiliência pode diminuir, requerendo, assim, espessuras maiores de pavimento, para que seu desempenho não seja comprometido.

A influência da drenagem subsuperficial tanto no dimensionamento da estrutura de pavimento quanto na previsão da vida útil pode ser avaliada por meio do modelo apresentado pela AASHTO no *Pavement Design Guide*, versão de 1993.

O dimensionamento pelo método da AASHTO considera fundamentalmente o desempenho funcional da estrutura de pavimento diante das solicitações de tráfego, o que é representado pela evolução do índice de serventia, que reflete as condições satisfatórias de conforto e segurança ao rolamento sob o ponto de vista do usuário.

Apresentam-se, a seguir, de maneira resumida, as equações de desempenho preconizadas pela AASHTO para pavimentos asfálticos e rígidos.

Pavimentos asfálticos

O dimensionamento de pavimentos asfálticos é baseado no conceito do Número Estrutural (*Structural Number* – SN). Esse parâmetro consiste na espessura total do pavimento, em termos de material padrão, necessária para suportar o tráfego ao longo do período de projeto, partindo-se de um índice de serventia inicial (p_0) e atingindo-se o índice de serventia final (p_t) desejado no término do período de análise.

A determinação do SN é realizada por meio da Eq. 2.1, apresentada a seguir.

$$\log W_{18} = Z_R \cdot S_0 + 9{,}36 \cdot \log(SN+1) - 0{,}20 + \frac{\log\left(\dfrac{\Delta PSI}{4{,}2-1{,}5}\right)}{0{,}40 + \dfrac{1.094}{(SN+1)^{5{,}19}}} + 2{,}32 \cdot \log M_R - 8{,}07 \qquad (2.1)$$

onde:
W_{18} = Número de repetições do eixo padrão de 8,2 tf (Número N)
Z_R = Desvio padrão da distribuição normal para R% de confiabilidade
S_0 = Desvio padrão do projeto
SN = Número Estrutural, pol
ΔPSI = Variação do índice de serventia pretendida para o período de projeto ($\Delta PSI = p_0 - p_t$)
M_R = Módulo de resiliência efetivo do subleito, lb/pol²

A determinação das espessuras de cada camada do pavimento é realizada por meio da Eq. 2.2, que correlaciona o Número Estrutural com as espessuras de cada camada, com os respectivos coeficientes de equivalência estrutural e com os coeficientes de drenagem dos materiais.

$$SN = a_1 \cdot D_1 + a_2 \cdot D_2 \cdot m_2 + a_3 \cdot D_3 \cdot m_3 \qquad (2.2)$$

onde:
a_i = Coeficiente estrutural da camada i
D_i = Espessura da camada i, pol
m_i = Coeficiente de drenagem da camada i
SN = Número Estrutural, pol

O coeficiente de drenagem (m_i) inserido na equação que determina as espessuras das camadas do pavimento tem a função de considerar a eficácia do sistema de drenagem subsuperficial do pavimento, por meio da correção da espessura das camadas. Ele correlaciona o tempo em que a estrutura de pavimento fica exposta a níveis elevados de umidade devido à qualidade do sistema de drenagem.

A Tab. 2.2 indica tempos de drenagem de bases de pavimentos que são recomendados pelo guia da AASHTO para o dimensionamento estrutural das camadas. Essas recomendações são baseadas no tempo requerido para drenar a camada de base com saturação de 50%.

Tab. 2.2 Relação entre tempo e qualidade de drenagem

Qualidade de drenagem	Tempo U = 50%
Excelente	2 horas
Boa	1 dia
Regular	7 dias
Ruim	1 mês
Muito ruim	>> 1 mês

A Tab. 2.3 reproduz os fatores de ajuste (m_i) recomendados pelo guia. Os fatores são dados em função das condições de umidade da camada e foram determinados por meio de comparações das deflexões na superfície estimadas empregando-se o programa computacional ELSYM5.

Tab. 2.3 Valores recomendados para o coeficiente de drenagem (m_i) para pavimentos asfálticos

Qualidade do sistema de drenagem	Porcentagem do tempo em que a estrutura estará exposta a teores de umidade próximos ao de saturação			
	< 1%	1 – 5%	5 – 25%	> 25%
Excelente	1,40-1,35	1,35-1,30	1,30-1,20	1,20
Bom	1,35-1,25	1,25-1,15	1,15-1,00	1,00
Médio	1,25-1,15	1,15-1,05	1,00-0,80	0,80
Pobre	1,15-1,05	1,05-0,80	0,80-0,60	0,60
Muito pobre	1,05-0,95	0,95-0,75	0,75-0,40	0,40

Conforme o guia de dimensionamento, um pavimento cujo sistema de drenagem subsuperficial é classificado como *excelente* pode ter uma redução de aproximadamente 30% nas espessuras das camadas de base e sub-base, enquanto um pavimento cujo sistema de drenagem subsuperficial é avaliado como *muito pobre* pode ter um aumento de até 150% nas espessuras das mesmas camadas.

Pavimentos de concreto de cimento Portland

Da mesma forma como nos pavimentos asfálticos, a consideração acerca da drenagem é realizada por meio de parâmetro inserido na equação de desempenho, o coeficiente de drenagem (C_d), determinado de forma semelhante ao coeficiente m_i, conforme a Eq. 2.3.

$$\log W_{18} = Z_R \cdot S_0 + 7{,}35 \cdot \log(D+1) - 0{,}06 + \frac{\log\left(\frac{\Delta PSI}{4{,}5-1{,}5}\right)}{1 + \frac{1{,}624 \cdot 10^7}{(D+1)^{8{,}46}}} +$$

$$+ (4{,}22 - 0{,}32 \cdot p_t) \cdot \log \left[\frac{S_c \cdot C_d \cdot (D^{0{,}75} - 1{,}132)}{215{,}63 \cdot J \cdot \left(D^{0{,}75} - \frac{18{,}42}{\left(\frac{E_c}{K}\right)^{0{,}25}} \right)} \right] \quad (2.3)$$

onde:
W_{18} = Número de repetições do eixo padrão de 8,2 tf (Número N)
Z_R = Desvio padrão da distribuição normal para R% de confiabilidade
S_0 = Desvio padrão do projeto
D = Espessura da placa de concreto de cimento Portland, pol
ΔPSI = Variação do índice de serventia pretendida para o período de projeto ($\Delta PSI = p_0 - p_t$)
p_t = Índice de serventia pretendido ao final do período de projeto
S_c = Resistência à tração na flexão do concreto
C_d = Coeficiente de drenagem
J = Coeficiente de transferência de carga pelas juntas
E_c = Módulo de elasticidade do concreto, lb/pol²
K = Coeficiente de recalque, lb/pol²/pol

Os fatores C_d foram determinados por meio de estudo de retroanálise de equações de dimensionamento considerando diversas condições que representassem os efeitos da variação da drenagem. A Tab. 2.4 apresenta os coeficientes de drenagem C_d recomendados no procedimento da AASHTO.

Tab. 2.4 Valores recomendados pela AASHTO para o coeficiente de drenagem (C_d) para pavimentos de CCP

Qualidade do sistema de drenagem	Porcentagem do tempo em que a estrutura estará exposta a teores de umidade próximos ao de saturação			
	< 1%	1 – 5%	5 – 25%	> 25%
Excelente	1,25-1,20	1,20-1,15	1,15-1,20	1,10
Bom	1,20-1,15	1,15-1,10	1,10-1,00	1,00
Médio	1,15-1,10	1,10-1,00	1,00-0,80	0,80
Pobre	1,10-1,00	1,00-0,90	0,90-0,60	0,90
Muito pobre	1,00-0,90	0,90-0,80	0,80-0,70	0,70

SMITH et al. (1995) elaboraram trabalho com base em uma pesquisa realizada pela FHWA em cerca de trezentas seções de pavimentos rígidos. Nesse trabalho, C_d é dado em função da presença de drenos longitudinais, do clima da região, do tipo de solo do subleito e da permeabilidade da base. Os coeficientes propostos estão apresentados na Tab. 2.5.

Tab. 2.5 Critérios recomendados para determinação de C_d

Dreno longitudinal	Clima	Subleito de graduação fina (A-4 até A-7)		Subleito de graduação grossa (A-1 até A-3)	
		Base impermeável	Base permeável	Base impermeável	Base permeável
Sim	Úmido	0,70-0,80	0,70-0,80	0,80-0,90	0,90-1,00
	Seco	0,80-0,90	0,80-0,90	0,90-1,00	1,00-1,10
Não	Úmido	0,85-0,95	1,00-1,10	0,95-1,05	1,05-1,15
	Seco	0,95-1,05	1,10-1,20	1,05-1,15	1,15-1,20

Com a finalidade de determinar os coeficientes de drenagem das referidas tabelas, antes é necessário desenvolver os seguintes passos:

a] Calcular o tempo de drenagem, cujo procedimento está apresentado no Cap. 3, em cada camada de material não estabilizado (pavimentos asfálticos) ou combinação sub-base/subleito (pavimentos rígidos).
b] Selecionar um índice de qualidade de drenagem baseado no tempo de drenagem calculado. A Tab. 2.2 estabelece a relação entre a qualidade de drenagem e os tempos estimados.
c] Estimar o tempo que a estrutura do pavimento está exposta às variações de umidades aproximando-se da saturação.

Utilizando-se o índice de qualidade de drenagem e a porcentagem de tempo que a estrutura do pavimento fica exposta as variações de umidade, obtêm-se os coeficientes de drenagem nas Tabs. 2.3 e 2.4, respectivamente para pavimentos asfálticos e rígidos.

Análise de sensibilidade

De acordo com o método de dimensionamento estrutural de pavimentos rígidos preconizado pela AASHTO (Guia de dimensionamento – 1993), as condições extremas adotadas na qualidade de drenagem subsuperficial podem refletir em variações de até sete vezes a relação de vida útil do pavimento expresso em número de solicitações do eixo padrão de 8,2 tf.

Mantendo-se os mesmos parâmetros de projeto em termos de suporte do subleito, características do concreto, grau de confiabilidade e número N para tráfego pesado, as diferenças de condições prevalecentes de drenagem podem exigir acréscimo de até 10 cm nas espessuras das placas de concreto.

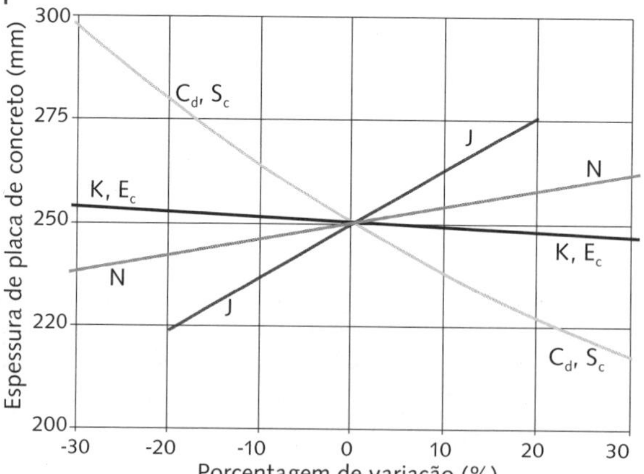

O gráfico mostrado na Fig. 2.4 ilustra a influência da variação percentual de cada parâmetro de projeto

Fig. 2.4 *Influência dos parâmetros de projeto na espessura da placa de concreto*

para os pavimentos de concreto na espessura da placa, considerando-se os demais fixos.

Conforme se pode observar, a condição de drenagem tem o mesmo efeito da resistência do concreto no desempenho do pavimento rígido, de acordo com o modelo preconizado pela AASHTO.

Exemplo 2.1 *Dimensionamento de pavimento asfáltico*

Pede-se para determinar a espessura do revestimento (D) de concreto asfáltico de um pavimento com base drenante constituída de pré-misturado aberto tratado com asfalto e sub-base granular como camada separadora.

Dados:
$W_{18} = N = 1{,}2 \cdot 10^7$ repetições
$p_0 = 4{,}2$
$p_t = 2{,}5$
$R = 90\%$
$CBR = 6\%$ (subleito)
$M_R = 60$ MPa
$a_1 = 0{,}44$ – coeficiente estrutural da camada de revestimento
$E = 1060$ MPa – pré-misturado, $a_2 = 0{,}18$
$E = 140$ MPa – camada separadora, $a_3 = 0{,}14$

Solução:
Da Eq. 2.1:
SN = 154 (requerido)
Adotar:
$D_2 = 100$ mm
$D_3 = 150$ mm

Condição de drenagem excelente ($m_i = 1{,}4$)
$SN = a_1 \cdot D_1 + a_2 \cdot D_2 \cdot m_2 + a_3 \cdot D_3 \cdot m_3$
$154 = 0{,}44 \cdot D_1 + 0{,}18 \cdot 100 \cdot 1{,}4 + 0{,}14 \cdot 150 \cdot 1{,}4$
$D_1 = 226$ mm

Condição de drenagem boa ($m_i = 1,0$)
$154 = 0,44 \cdot D_1 + 0,18 \cdot 100 \cdot 1,0 + 0,14 \cdot 150 \cdot 1,0$
$D_1 = 261$ mm

Condição de drenagem média a pobre ($m_i = 0,7$)
$154 = 0,44 \cdot D_1 + 0,18 \cdot 100 \cdot 0,7 + 0,14 \cdot 150 \cdot 0,7$
$D_1 = 288$ mm

Condição de drenagem muito pobre ($m_i = 0,4$)
$154 = 0,44 \cdot D_1 + 0,18 \cdot 100 \cdot 0,4 + 0,14 \cdot 150 \cdot 0,4$
$D_1 = 315$ mm

Tab. 2.6 Variação de espessura em função das condições de drenagem

Condição de drenagem	m_i	D_1 (mm)	Acréscimo de espessura	
			mm	%
Excelente	1,4	226	–	0
Boa	1,0	261	35	15
Média a pobre	0,7	288	62	27
Muito pobre	0,4	315	89	39

Para esse exemplo específico, a espessura do revestimento deve ser aumentada em 39%, quando se comparam condições de drenagem excelente e muito pobre.

Exemplo 2.2 *Variação de vida útil – pavimento asfáltico*
Pede-se para verificar a redução da vida útil de um pavimento dimensionado pelo método da AASHTO em função das condições de drenagem subsuperficial. Para o dimensionamento, foram adotados os parâmetros mostrados na Tab. 2.7.

Solução:
Foi analisada a alteração do número estrutural do pavimento em função das diferentes condições de drenagem da estrutura, representada pela variação do coeficiente m_i. As Figs. 2.5 e 2.6, a seguir, apresentam as análises realizadas, indicando a redução da vida útil em virtude da varia-

Tab. 2.7 Parâmetros de dimensionamento

Parâmetro	Valores adotados
Período de projeto (anos)	8
Perda de serventia – ΔPSI	2,00
Tráfego – N_{USACE}	$7,46 \times 10^7$
Tráfego – N_{AASHTO}	$1,97 \times 10^7$
Módulo de resiliência do subleito (MPa)	50
Coeficiente de drenagem – BGS (m_i)	1,40
Desvio padrão	0,45
Confiabilidade (%)	90
Número estrutural inicial – SN	5,76
Índice de serventia final – P_t	2,5

ção do coeficiente de drenagem e do número estrutural para cada seção tipo estudada.

Conforme se depreende, poderá ocorrer diminuição da ordem de cinco anos na vida útil da estrutura alterando-se as condições de drenagem da situação excelente para a péssima, de acordo com o método de cálculo empregado.

Material	Espessura (cm)	Módulo de Resiliência (MPa)	Coeficiente Estrutural (a_i)	Coeficiente Drenagem (m_i)
Concreto Asfáltico (CA)	15,0	3.500,0	0,44	-
Brita Graduada Simples (BGS)	12,0	300,0	0,18	0,40/1,00/1,40
Brita Graduada Tratada com Cimento (BGTC)	18,0	7.500,0	0,28	1,0
Subleito Estabilizado (CBR ≥ 5%)	-	50,0	-	-
Número Estrutural Resultante (SN) =				4,92/5,42/5,76

Fig. 2.5 *Seção tipo*

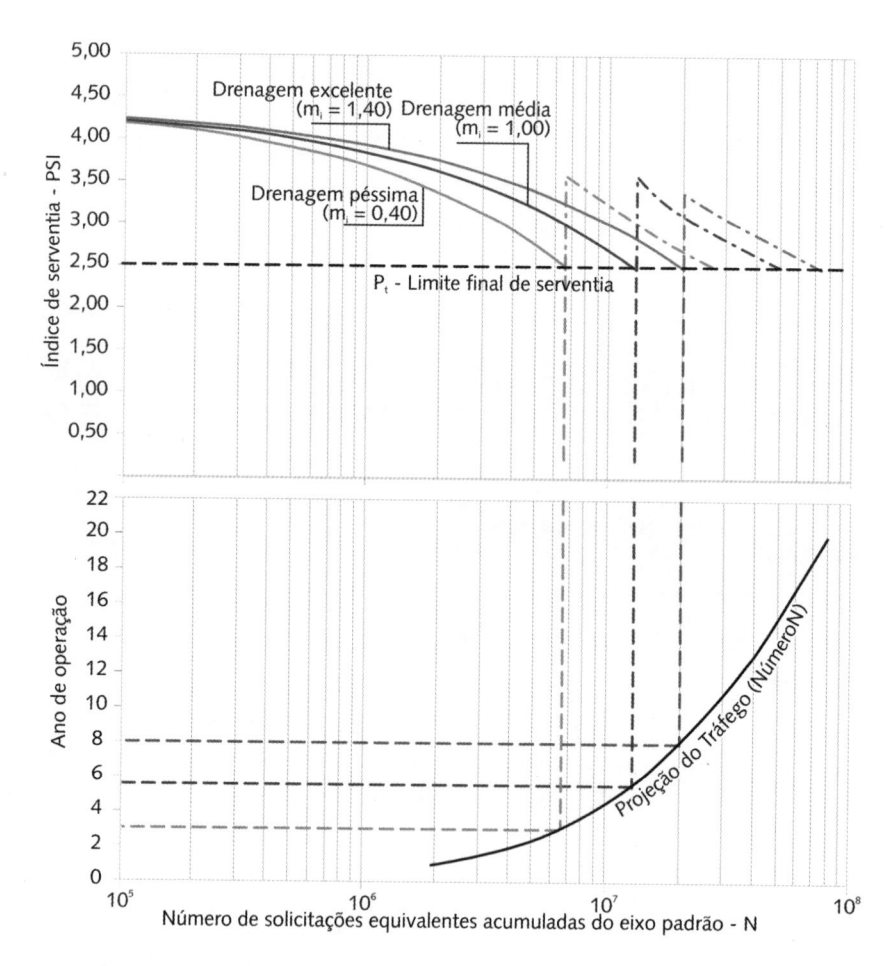

Fig. 2.6 *Variação da vida útil – Seção tipo A*

Exemplo 2.3 *Variação de vida útil – pavimento de concreto de cimento Portland*

Pede-se para analisar a variação de vida útil de um pavimento rígido, dimensionado pelo método da AASHTO, considerando-se diferentes condições de drenagem subsuperficial. Os parâmetros adotados no dimensionamento estão indicados na Tab. 2.8 e Fig. 2.7.

O coeficiente de drenagem é um parâmetro que apresenta grande influência na determinação da espessura necessária da placa de concreto de cimento Portland para um mesmo nível de confiabilidade. Por isso, é também um parâmetro de grande impacto na variação da vida

2 | Controle da água e elementos do sistema

Tab. 2.8 Parâmetros de dimensionamento

Parâmetro	Valores adotados
Período de projeto (anos)	20
Perda de serventia – ΔPSI	2,00
Tráfego – $N_{AASHTO\ RÍGIDO}$	$1,44 \times 10^8$
Módulo de ruptura (MPa)	5,30
Módulo de elasticidade (MPa)	30.000
Módulo de reação (MPa/m)	80
Coeficiente de transferência de carga – J	2,50
Coeficiente de drenagem – C_d	1,25/1,00/0,70
Desvio padrão	0,30
Confiabilidade (%)	70
Acostamento de concreto	SIM

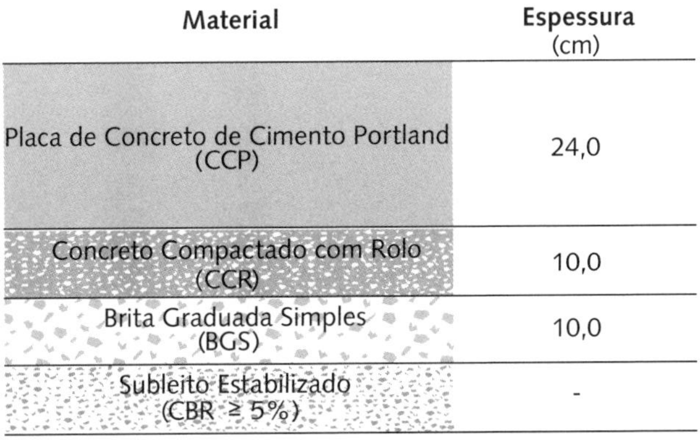

Material	Espessura (cm)
Placa de Concreto de Cimento Portland (CCP)	24,0
Concreto Compactado com Rolo (CCR)	10,0
Brita Graduada Simples (BGS)	10,0
Subleito Estabilizado (CBR ≥ 5%)	–

Fig. 2.7 *Seção tipo B*

útil do pavimento. Dessa forma, a estimativa de vida útil da estrutura analisada foi realizada considerando apenas a variação do coeficiente de drenagem – C_d.

A Fig. 2.8 apresenta os resultados das análises efetuadas.

Conforme se verifica na Fig. 2.8, a vida útil da estrutura analisada pode sofrer redução de até quinze anos, alterando-se as condições de drenagem da situação excelente para a péssima ou muito pobre, de acordo com o procedimento de cálculo adotado.

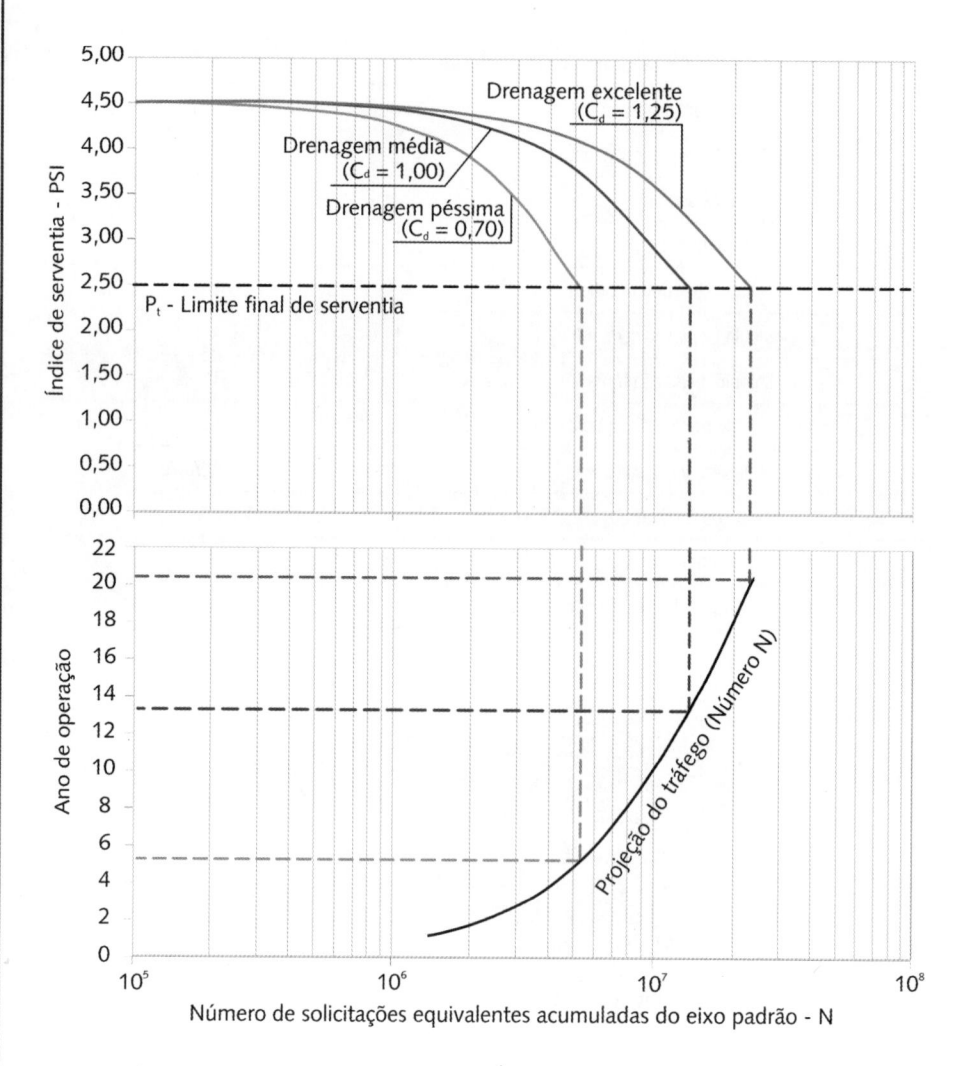

Fig. 2.8 *Variação da vida útil – Seção tipo B*

Exemplo 2.4 *Comparação de desempenho entre estruturas de pavimento de concreto de cimento Portland*

Os modelos matemáticos apresentados a seguir foram desenvolvidos com base nas equações do guia da AASHTO especificamente para poder efetuar análise de sensibilidade da vida útil do pavimento em relação aos parâmetros de projeto, para situações de estrutura de concreto na pista de rolamento e diferentes tipos de acostamentos.

2 | Controle da água e elementos do sistema

- Pavimento de CCP na pista e CCP no acostamento

$$\frac{N_i}{N_p} = \left(\frac{D}{23}\right)^{5,838} \cdot \left(\frac{K}{142}\right)^{0,458} \cdot \left(\frac{S_c}{5,2}\right)^{3,425} \cdot \left(\frac{C_d}{1,25}\right)^{3,421} \cdot \left(\frac{R}{0,50}\right)^{-1,734} \quad (2.4)$$

- Pavimento de CCP na pista e CA no acostamento

$$\frac{N_i}{N_p} = \left(\frac{D}{22}\right)^{5,708} \cdot \left(\frac{K}{144}\right)^{0,481} \cdot \left(\frac{S_c}{5,0}\right)^{3,420} \cdot \left(\frac{C_d}{1,04}\right)^{3,420} \quad (2.5)$$

onde:

$\frac{N_i}{N_p}$ = Variação da vida útil (N_i = número N estimado; N_p = número N de projeto)
D = Espessura da camada, cm
K = Coeficiente de recalque, MPa/m
S_c = Resistência à tração na flexão do concreto MPa
C_d = Coeficiente de drenagem
R = Confiabilidade estatística

Conforme se pode observar, a espessura da placa é o parâmetro de maior relevância nos modelos, merecendo, portanto, grandes cuidados de controle geométrico durante a fase construtiva. Pequenas variações na espessura podem representar alterações significativas na vida útil do pavimento.

A resistência do concreto e as condições de drenagem têm o mesmo grau de importância e também são significativos nos modelos, devendo receber atenção especial durante a implantação da obra.

O módulo de reação do sistema é o parâmetro de menor sensibilidade nos modelos estatísticos encontrados.

Apresentam-se nas Tabs. 2.9 e 2.10 os resultados de dois casos estudados envolvendo pavimento de concreto na pista principal e diferentes tipos de revestimentos para os acostamentos externos, para rodovias de pista dupla.

Para os dois casos específicos de acostamento analisados, verificou-se, conforme se pode observar nas tabelas, que entre as condições de drenagem variando de excelente a muito pobre, o acréscimo de espessura das placas pode variar da ordem de 40% e a redução da vida útil pode atingir valores de até 86%, segundo os modelos derivados da AASHTO.

Tab. 2.9 Variação de espessura em função das condições de drenagem. Pavimento de concreto com acostamento de concreto

Condição de drenagem	Cd	D (mm)	Acréscimo de espessura		Redução vida útil (N_i/N_p)
			mm	%	
Excelente	1,25	230	-	-	1,00
Boa	1,10	248	18	8	0,65
Média a pobre	1,00	262	32	14	0,47
Muito pobre	0,70	323	93	40	0,14

Tab. 2.10 Variação de espessura em função das condições de drenagem. Pavimento de concreto com acostamento flexível

Condição de drenagem	Cd	D (mm)	Acréscimo de espessura		Redução vida útil (N_i/N_p)
			mm	%	
Excelente	1,25	197	-	-	1,00
Boa	1,10	213	16	8	0,66
Média a pobre	1,00	225	28	14	0,48
Muito pobre	0,70	279	82	42	0,14

2.1.6 Considerações finais

A construção de pavimentos totalmente impermeáveis, de forma que se possa garantir que as águas provenientes das chuvas ou subterrâneas não penetrem a estrutura do pavimento, é praticamente impossível e envolveria procedimentos demasiadamente caros. Essa solução apresenta, ainda, a desvantagem de que, caso houvesse pequena falha no sistema de impermeabilização que permitisse a infiltração de água, esta ficaria retida dentro da estrutura e trabalharia com nível elevado de umidade por longos períodos. Assim, a garantia contínua da retirada de água da estrutura do pavimento de modo rápido e seguro envolve gastos com sistemas de drenagem.

A construção de estrutura constituída essencialmente com materiais inertes consiste em alternativa de difícil execução, pois, além de os materiais utilizados nas estruturas do pavimento serem fortemente dependentes das características geológicas regionais, todo pavimento é construído sobre o subleito, ou seja, sobre solo que, em maior ou menor intensidade, é sensível a variações do teor de umidade.

Dimensionar espessuras de pavimento que sejam capazes de suportar a ação do tráfego independentemente da quantidade de água livre presente em sua estrutura acarreta seções extremamente robustas, e, na maioria dos casos, superdimensionadas.

Com base no exposto, observa-se que, isoladas, nenhuma das alternativas apresentadas é técnica e economicamente adequada. Porém, a combinação delas, até o momento, apresenta-se como a hipótese mais realista e exequível dentre as considerações acerca da influência da drenagem no dimensionamento da estrutura do pavimento. Salienta-se que os principais métodos de dimensionamento estrutural empregados no Brasil desconsideram as vantagens técnicas no desempenho dos pavimentos bem drenados.

Portanto, para que uma alternativa seja eficiente, o pavimento deve ser tão impermeável quanto possível, para que o volume de água que se infiltre na estrutura seja reduzido ao máximo. Deve ser capaz de propiciar a rápida eliminação da água que se infiltrar para que a estrutura seja solicitada pelo menor tempo possível com teores elevados de umidade. Os materiais empregados na pavimentação devem apresentar baixa sensibilidade às variações do teor de umidade e a estrutura do pavimento deve ser projetada de forma que sejam considerados os períodos em que a mesma operará com teores elevados de umidade, reforçando ou mesmo reduzindo camadas estruturais em função da precipitação da região e da eficiência do sistema drenante projetado.

2.2 Concepção do sistema de drenagem subsuperficial

Diversos órgãos rodoviários têm defendido a importância do sistema de drenagem de pavimento como parte integrante do projeto. O adequado controle das águas que se infiltram na estrutura do pavimento é considerado fundamental para seu bom desempenho, sendo a drenagem subsuperficial a principal responsável por esse controle.

Até pouco tempo, os pavimentos eram projetados sem dispositivos apropriados de drenagem subsuperficial. As seções construídas dessa forma são denominadas "banheiras" ou "em valas", pela permanência da água infiltrada na estrutura por longo período, causada pelo bloqueio das saídas laterais.

As Figs. 2.9 e 2.10 mostram exemplos de seções tipo banheira.

Considerando-se a grande dificuldade de se manter a superfície completamente selada por toda a vida útil da estrutura, a água que se infiltra pelas trincas e juntas construtivas não consegue ser drenada por conta da baixa permeabilidade dos materiais das camadas constituintes do pavimento e pela falta de saídas livres posicionadas de forma transversal à plataforma viária.

O problema de umidade excessiva se agrava quando o subleito é constituído de materiais finos argilosos e quando os acostamentos laterais são constituídos por material pouco permeável, que atua como barreira, bloqueando as saídas. No Estado de São Paulo, essa situação é típica na maioria das rodovias de planalto, próximas ao litoral, onde

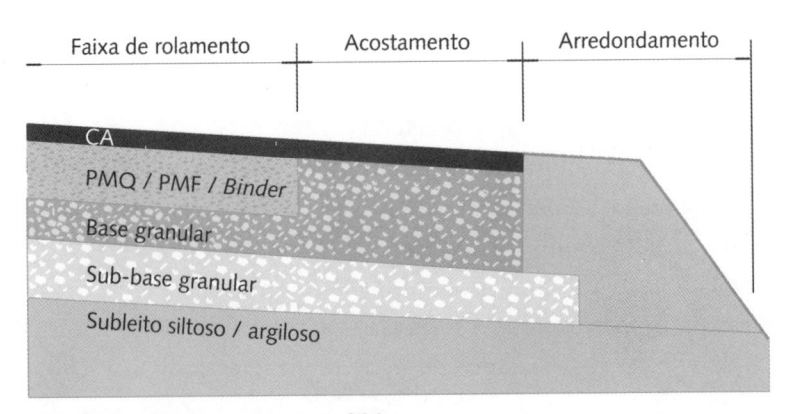

Fig. 2.9 *Seção tipo banheira – pavimento asfáltico*

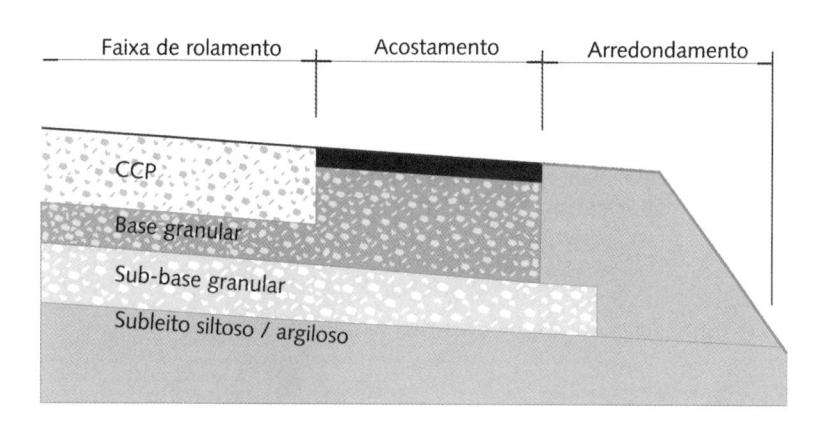

Fig. 2.10 *Seção tipo banheira – pavimento de CCP*

ocorre a predominância de solos saprolíticos de baixa transmissividade hidráulica.

A situação pode ser amenizada quando as rodovias são assentadas sobre subleito constituído de solos arenosos, nos quais a água infiltrada pode ser drenada verticalmente pela boa permeabilidade desse tipo de solo.

Assim, ao longo dos últimos anos, em vista da crescente demanda de tráfego de veículos pesados, muitos tipos de dispositivos de drenagem têm sido empregados objetivando remover a umidade excessiva da estrutura do pavimento.

Esses dispositivos de drenagem são classificados de diversas maneiras, e uma delas caracteriza-se pela fonte de umidade a ser controlada. Por exemplo, o sistema de drenagem profunda serve para controlar e rebaixar o nível do lençol freático subterrâneo, enquanto o sistema de drenagem subsuperficial tem por objetivo remover rapidamente o excesso de água livre que se infiltra pela superfície e bordas laterais do pavimento.

A aplicação dos conceitos de drenagem subsuperficial aos pavimentos consiste na melhor solução técnica e econômica, tanto para os pavimentos novos como para a restauração dos existentes.

2.2.1 Elementos constituintes

Os principais componentes dos sistemas de drenagem subsuperficial são:

- Camada drenante: constituída de material com granulometria, espessura e declividades apropriadas, colocada logo abaixo do revestimento e cuja finalidade é drenar rapidamente as águas infiltradas para fora da pista de rolamento.
- Dreno raso longitudinal: dreno cego ou tubular que recebe as águas drenadas pela camada drenante e tem por objetivo efetuar o lançamento final em local apropriado, por meio de saídas de água laterais devidamente espaçadas.
- Camada separadora: constituída de agregados com graduação densa e adequada, devidamente colocada na estrutura para evitar a colmatação de finos da camada drenante, de graduação mais aberta e permeável, para as demais camadas.
- Dreno lateral de base: dreno cuja função é recolher as águas que se infiltram na camada de base, encaminhando-as para fora da plataforma. É utilizado nas situações em que o material da base dos acostamentos apresenta baixa permeabilidade.
- Dreno transversal: posicionado transversalmente à pista de rolamento, em toda a largura da plataforma. Sua localização é indicada nos pontos baixos das curvas côncavas ou em locais com declividade quase nula onde se necessite drenar as bases permeáveis.

Os dispositivos comumente empregados para rodovias de tráfego intenso e pesado são a camada drenante, os drenos rasos longitudinais e os drenos transversais. Não obstante, somente os drenos transversais e laterais de base têm sido recomendados no caso de restaurações de pavimentos e locais com índices pluviométricos relativamente baixos.

A Fig. 2.11 ilustra o sistema de drenagem subsuperficial.

Camada drenante

A camada drenante é constituída de material granular de elevada transmissividade hidráulica, podendo ser simples ou tratado com cimento asfáltico ou Portland. Essa camada está situada abaixo do revestimento e acima do subleito, e possui conexão com os drenos longitudinais (drenos de borda), ou tem a face lateral exposta ao ar, o que possibilita a livre descarga da água por ela captada.

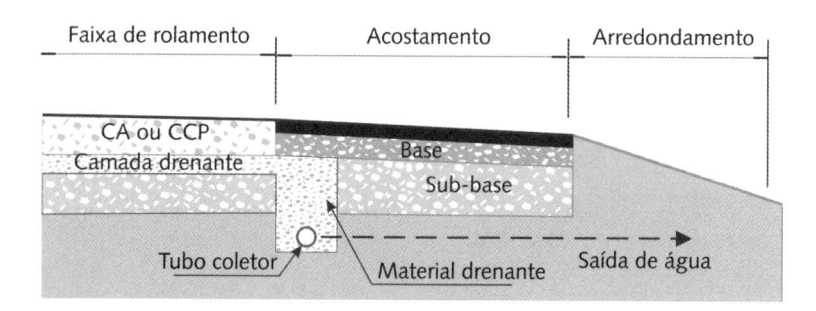

Fig. 2.11 *Esquema do sistema de drenagem subsuperficial*

Em regiões de clima tropical úmido, típico de locais com elevados índices pluviométricos, há uma nítida predominância das infiltrações que ocorrem pela superfície do pavimento. Sendo assim, nesses casos recomenda-se que a camada drenante esteja situada o mais próximo possível da superfície do pavimento, de modo que as águas infiltradas pela superfície sejam rapidamente captadas e removidas da estrutura.

Na maioria dos casos, a camada drenante deve apresentar contribuição estrutural ao pavimento. Deve, portanto, além de elevada permeabilidade, ter características de suporte compatíveis com o nível de solicitação do tráfego e em função de seu posicionamento na estrutura do pavimento.

Drenos rasos longitudinais

Os drenos rasos longitudinais também são conhecidos como drenos subsuperficiais de borda ou drenos de pavimento. Têm como função principal captar as águas coletadas pela camada drenante e conduzi-las para as saídas de água, para desaguá-las em locais que não ofereçam riscos à estrutura do pavimento.

É importante destacar que esses dispositivos, de profundidade relativamente pequena, não têm por finalidade rebaixar lençóis freáticos elevados ou coletar águas provenientes de outras fontes subterrâneas. Nesses casos, devem ser previstos drenos profundos, específicos para esses fins.

De maneira geral, os drenos de borda são constituídos por trincheira revestida ou não por manta geotêxtil e preenchimento somente por agregados (dreno cego ou francês) ou com a inclusão de tubulação (dreno tubular), sendo que essa última alternativa tem a finalidade de elevar a capacidade de vazão do dispositivo.

As Figs. 2.12 e 2.13 ilustram o posicionamento recomendado para a camada drenante, assim como para os drenos rasos longitudinais que conduzirão as águas captadas para local adequado de saída lateral.

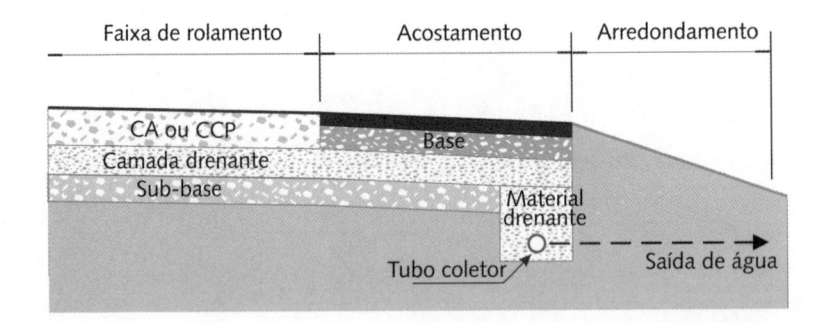

Fig. 2.12 Posicionamento recomendado para a camada drenante/dreno raso longitudinal em pavimentos rodoviários

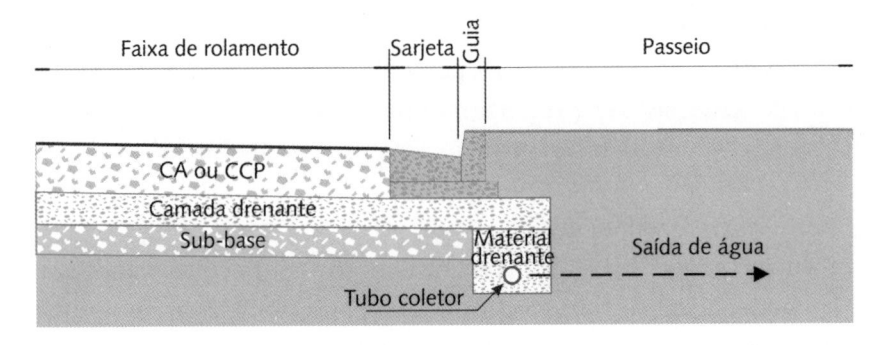

Fig. 2.13 Posicionamento recomendado para a camada drenante/dreno raso longitudinal em pavimentos urbanos

A alternativa de posicionamento do dreno de pavimento com o dispositivo situado no bordo externo do acostamento ou do meio-fio evita o desconfinamento das camadas subjacentes.

As Figs. 2.14 a 2.21 mostram o funcionamento dos drenos.

Camada de separação

Nos casos em que a camada drenante é assentada diretamente sobre camadas constituídas por solo, pode ocorrer a penetração

2 | Controle da água e elementos do sistema

das parcelas do material mais fino para o interior da camada drenante em função do tamanho e da quantidade de vazios da camada granular, provocando entupimento e, consequentemente, redução da permeabilidade e da capacidade de suporte da camada subjacente.

Para prevenir a penetração dos finos nos vazios do material drenante, faz-se uso de uma camada de granulometria intermediária e espessura delgada, implantada na interface das camadas, denominada camada de separação. Pode, às vezes, também ser denominada camada de bloqueio, de transição ou de filtro.

Fig. 2.14 *Água coletada por meio do sistema de drenagem subsuperficial*

Fig. 2.15 *Detalhe de tubo de saída do sistema*

Drenagem subsuperficial de pavimentos

Fig. 2.16 *Dreno em funcionamento*

Fig. 2.17 *Precipitação*

Fig. 2.18 *Escoamento da água infiltrada no pavimento*

Fig. 2.19 *Água retirada da estrutura do pavimento*

Fig. 2.20 Detalhe do tubo de saída lateral de PVC

Fig. 2.21 *Água drenada*

A função primária dessa camada é impedir a penetração dos finos no material granular drenante. Para tanto, deve possuir granulometria adequada para impedir a penetração dos finos do subleito em seu interior e, ao mesmo tempo, suficientemente grossa para não colmatar a camada permeável.

A camada de separação deve ser constituída de material com graduação densa, implantada entre a camada drenante e o subleito. Apresenta três funções principais:

- Garantir a separação entre a camada drenante e o subleito.
- Constituir barreira com baixa permeabilidade para direcionar a água que se infiltra na camada permeável para a borda da estrutura do pavimento.
- Suportar o tráfego e outros esforços oriundos da construção da camada de base e das demais camadas constituintes da estrutura do pavimento.

2.2.2 Resumo

O Quadro 2.1 mostra, de forma resumida, os principais elementos constituintes e suas respectivas funções dentro do sistema de drenagem subsuperficial.

Quadro 2.1 Elementos do sistema de drenagem subsuperficial

Elemento	Função hidráulica/estrutural	
Camada drenante	Coletar a água infiltrada, conduzi-la até os drenos rasos longitudinais, prover adequado suporte ao pavimento	
	Pode ser estabilizada ou tratada com ligante hidráulico ou asfáltico	
	Pode ser empregada isoladamente ou com outra camada	
Dreno raso longitudinal	Tubo coletor	Tubo perfurado ou fendilhado
		Receber a água da camada drenante e transportá-la até os tubos de saída lateral
	Cego	Constituído essencialmente de brita
		Receber a água da camada drenante e transportá-la até a saída lateral
	Tubos de saída lateral	Coletar a água do dreno longitudinal e efetuar lançamento final em local e cota adequados
Camada separadora	Constituída de agregados de graduação densa, estabilizada ou não, ou substituída por geotêxtil	
	Evitar o agulhamento e manter separados os materiais da camada drenante e do subleito constituído de material mais fino	
	Reduzir a migração de finos e consequente colmatação da camada drenante	
Dreno raso transversal	Constituído preferencialmente de agregado drenante	
	Coletar a água que percola longitudinalmente no pavimento nas regiões de baixa declividade	
Drenos laterais de base	Constituído de material granular, estabilizado ou não	
	Coletar a água da camada drenante da pista e efetuar lançamento lateral e final em substituição aos drenos rasos longitudinais	

A Fig. 2.22 mostra a trajetória da água nos trechos em curva de rodovias com seções superelevadas. Os drenos transversais e longitudinais rasos devem ser posicionados objetivando minimizar o tempo de percolação nas camadas do pavimento.

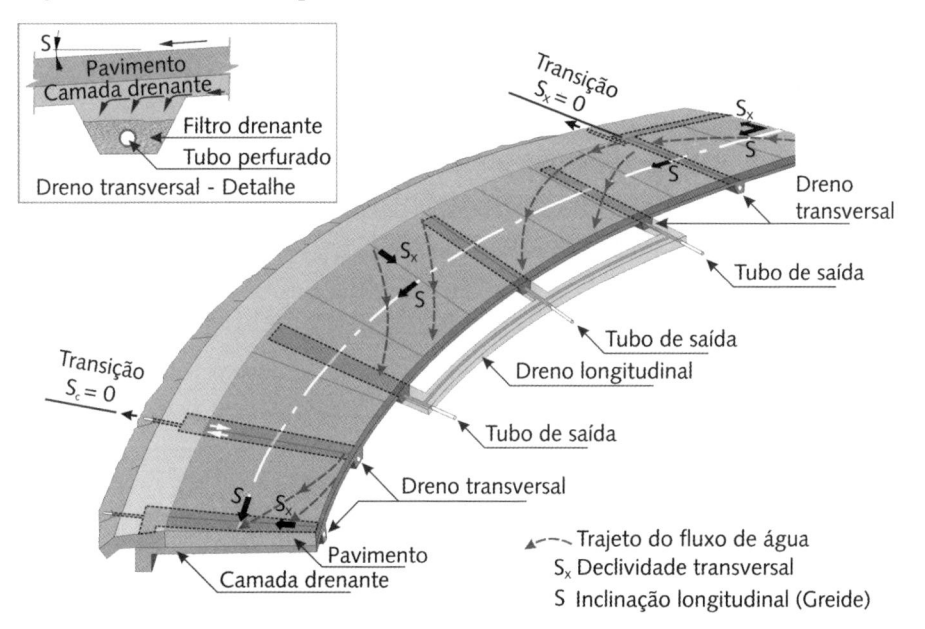

Fig. 2.22 *Esquema do trajeto do fluxo d'água pela plataforma*

A Fig. 2.23 mostra dimensões e detalhes dos drenos rasos longitudinais e transversais normalmente empregados no sistema viário para tráfego pesado do Estado de São Paulo.

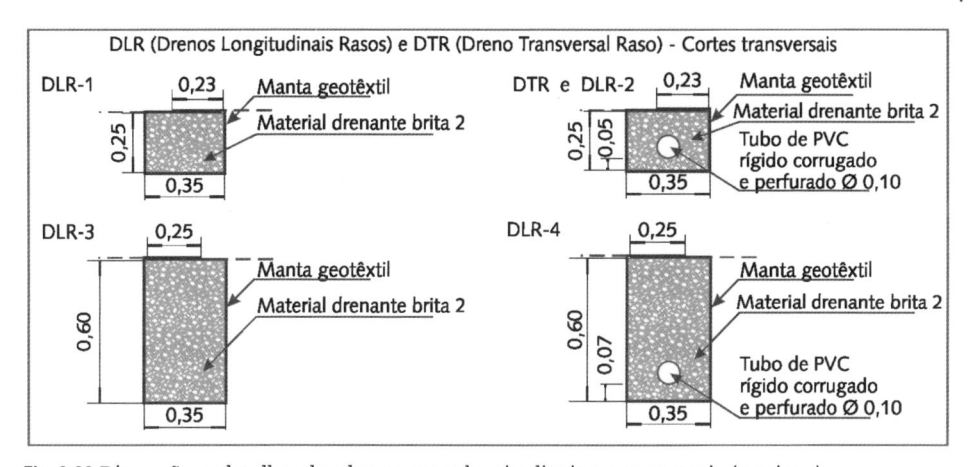

Fig. 2.23 *Dimensões e detalhes dos drenos rasos longitudinais e transversais (continua)*

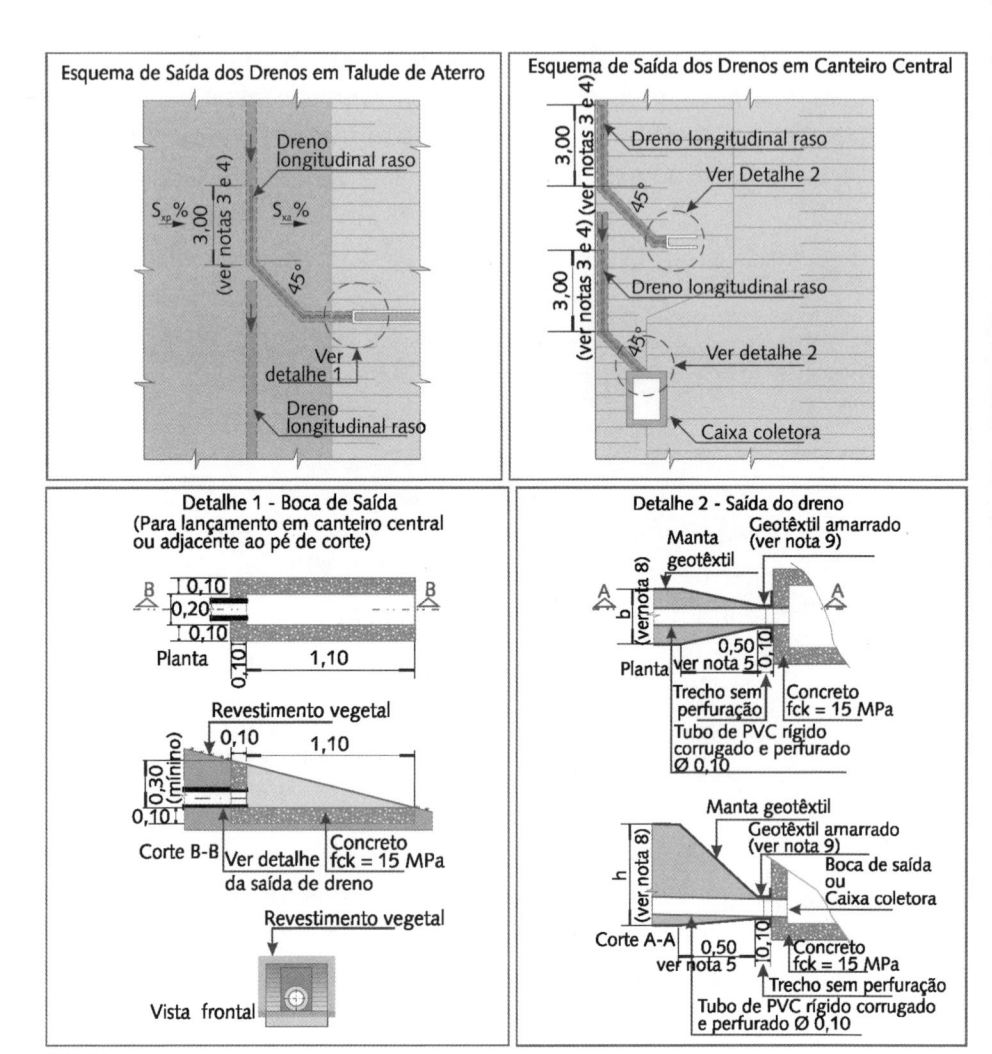

Drenagem subsuperficial de pavimentos

NOTAS:
1. Medidas em metro, exceto onde indicado.
2. As posições e profundidade dos drenos longitudinais rasos deverão ser indicadas nas seções tipo de pavimento, e as indicações de início e lançamento dos mesmos deverão ser representadas nas plantas de drenagem.
3. Para as saídas dos drenos rasos tipo DLR-1 e DLR-3 deverá ser utilizado um trecho de 3 metros de dreno tipo DLR-2 ou DLR-4, antes da curva de saída ou ligação em caixa de passagem.
4. Para as saídas dos drenos longitudinais rasos (em greide) deverão ser utilizadas duas curvas de 45° de PVC e nos pontos baixos caixas de passagem.
5. As seções dos drenos longitudinais rasos deverão ser prismáticas até 0,60m antes do lançamento final. Conforme detalhe 1.
6. As caixas de passagem para drenos deverão ser pré-moldadas de concreto; a conexão dos tubos deverá ser feita de modo que as aberturas sejam preenchidas com argamassa de cimento e areia 1:3.
7. As saídas dos drenos a partir das caixas de passagem deverão ser feitas com tubos de PVC ø 0,10 não perfurados.
8. As dimensões b e h referem-se, respectivamente, à largura e à altura do dreno projetado.
9. O geotêxtil deverá ser amarrado em volta do tubo, na saída dos drenos em bocas de saída ou dispositivos de drenagem, de forma a evitar qualquer passagem de finos do solo do subleito

Fig. 2.23 *Dimensões e detalhes dos drenos rasos longitudinais e transversais*

Fatores de dimensionamento hidráulico   3

Neste capítulo são tratados os aspectos hidráulicos da camada drenante destinada a remover rapidamente ou controlar o tempo de permanência da água livre proveniente das chuvas que se infiltram através das trincas e das juntas de construção existentes na superfície do pavimento.
Os principais aspectos abordados são:
- Parâmetros hidráulicos de cálculo.
- Concepção do sistema de drenagem.

Os parâmetros de cálculo para o dimensionamento hidráulico envolvem as características geométricas da via que definem a linha de maior declive do fluxo da água, as granulometrias dos materiais a serem utilizados nas diversas camadas do pavimento e a habilidade deles em reter ou permitir o escoamento da umidade excessiva.

Os conceitos de porosidade e permeabilidade dos materiais e as equações básicas de escoamento em meios porosos e suas limitações também são tratados.

Para controle dos tempos de permanência e retirada da água livre do pavimento, são consideradas duas concepções distintas no sistema hidráulico:
- Profundidade do fluxo, em que a capacidade de escoamento da camada permeável deve ser superior à infiltração de projeto.
- Tempo de drenagem, em que a camada drenante poderá ficar saturada durante o período de precipitação, e que, no entanto, deverá ser drenada algumas horas depois de cessada a chuva, para evitar danos à estrutura.

3.1 Características geométricas da via

A trajetória percorrida pelo fluxo de água no interior do pavimento pode ser determinada com base nas características geométricas da via, envolvendo o greide longitudinal e as declividades transversais de todos os elementos da plataforma (pista e acostamento), tanto da superfície como das camadas inferiores.

Para o desenvolvimento do projeto, é necessário analisar detalhadamente todas as situações típicas da seção transversal, tomando-se cuidado para verificar cada um dos seguintes elementos:
- Larguras da pista de rolamento, dos acostamentos e respectivas camadas de bases e sub-bases.
- Declividade longitudinal do alinhamento vertical.
- Declividade transversal.
- Profundidade mínima das valetas de drenagem.

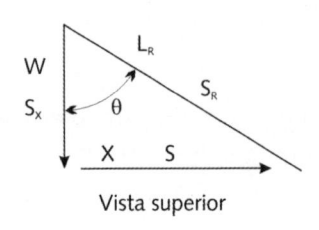

Fig. 3.1 *Elementos geométricos da plataforma*

Para o cálculo de espessuras das camadas eleitas como drenantes é importante conhecer a declividade e a extensão real ou resultante do fluxo de água dentro da plataforma viária.

Os diversos elementos geométricos de interesse para o estudo decorrentes da declividade longitudinal e superelevação transversal são mostrados na Fig. 3.1.

A declividade e o comprimento resultantes da trajetória do fluxo de água são determinados pelas Eqs. 3.1 e 3.2:

$$S_R = (S^2 + S_x^2)^{0,5} \tag{3.1}$$

$$L_R = W \cdot \left[1 + \left(\frac{S}{S_x}\right)^2\right]^{0,5} \tag{3.2}$$

onde:
S_R = Declividade resultante, m/m
S = Declividade longitudinal, m/m
S_x = Declividade transversal, m/m
L_R = Comprimento resultante, m
W = Largura de contribuição da via, m

A orientação da trajetória do fluxo pode ser determinada pela seguinte fórmula:

$$\operatorname{tg}\theta = \frac{S}{S_x} \tag{3.3}$$

onde:

θ = Ângulo entre as declividades transversal e resultante da linha d'água

Outras relações geométricas de interesse normalmente utilizadas no projeto são:

$$\frac{L_R}{S_R} = \frac{W}{S_x} = \frac{X}{S} \qquad (3.4)$$

$$\frac{L_R}{W} = \frac{S_R}{S_x} \qquad (3.5)$$

$$\frac{L_R}{X} = \frac{S_R}{S} \qquad (3.6)$$

$$\frac{W}{X} = \frac{S_x}{S} \qquad (3.7)$$

Exemplo 3.1 *Elementos geométricos*

Dado um pavimento com declividade longitudinal de 0,04 m/m, superelevação transversal de 0,02 m/m e largura da camada subjacente de base com 7,0 m, pede-se calcular a declividade, o comprimento e a orientação resultantes da trajetória da linha d'água.

Solução:

W = 7,0 m
S_x = 0,02 m/m
S = 0,04 m/m

$$S_R = (S^2 + S_x^2)^{0,5} = (0,04^2 + 0,02^2)^{0,5} = 0,0447 \text{ m/m}$$

$$\frac{X}{W} = \frac{S}{S_x} \therefore X = W \cdot \frac{S}{S_x} = 7,0 \cdot \frac{0,04}{0,02} = 14$$

$$L_R = (W^2 + X^2)^{0,5} = (7,0^2 + 14^2)^{0,5} = 15,652$$

$$\text{tg}\theta = \frac{S}{S_x} = \frac{0,04}{0,02} = 2$$

$$\theta = 63°26'$$

$$\frac{L_R}{S_R} = \frac{W}{S_x} = \frac{X}{S} = \frac{15{,}652}{0{,}0447} = \frac{7{,}0}{0{,}02} = \frac{14}{0{,}04} = 350$$

$$\frac{L_R}{W} = \frac{S_R}{S_x} = \frac{15{,}652}{7{,}0} = \frac{0{,}0447}{0{,}02} = 2{,}236$$

$$\frac{L_R}{X} = \frac{S_R}{S} = \frac{15{,}652}{14} = \frac{0{,}0447}{0{,}04} = 1{,}118$$

A maioria das propriedades geométricas do sistema de drenagem subsuperficial é imposta e condicionada pelas características técnicas da rodovia, tais como: classe de projeto, tipo de terreno, nível de serviço e aspectos operacionais dos veículos.

Para melhorar as condições de segurança quanto aos problemas de drenagem superficial, pode-se aumentar a declividade transversal em tangente para 3% em vez de 2% em regiões planas e de elevada intensidade pluviométrica, principalmente em rodovias de três ou mais faixas por sentido de tráfego.

Cuidados especiais devem ser tomados nas imediações de curvas horizontais de transição e em curvas verticais côncavas onde poderão ocorrer longos trechos com declividades horizontal e transversal quase nulas, favorecendo o acúmulo de água nessas regiões.

No caso de duplicação de rodovias, em que a pista simples existente é coroada (caimento duplo de 2% para fora nos trechos em tangente) e deve ser transformada numa via com superelevação única para o lado externo, as soluções de drenagem superficial e do pavimento deverão ser devidamente analisadas para que não sejam criados pontos baixos ao longo da seção transversal que favoreçam o empoçamento de água.

3.2 Características hidrogeotécnicas dos materiais

As principais características hidráulicas dos materiais empregados nas camadas de pavimento dependem da granulometria e da porosidade, que podem ser analisadas com base em resultados de ensaios geotécnicos de laboratório.

A camada drenante é dimensionada empregando-se a fórmula de Darcy aplicada a escoamento de água em meios porosos saturados, admitindo-se o fluxo em regime laminar, embora isso possa não ocorrer plenamente nos solos e materiais granulares utilizados na pavimentação.

3.2.1 Granulometria dos materiais

A análise granulométrica é um importante processo para se avaliar as características físicas do material. Os parâmetros resultantes dos ensaios são normalmente empregados para estudo de bases drenantes quanto à sua permeabilidade e estabilidade, projeto de camadas separadoras ou de bloqueio, escolha de mantas geotêxteis e dimensionamento de drenos cegos longitudinais ou transversais.

Apresentam-se, a seguir, definições de diversos parâmetros relacionados à granulometria dos materiais que serão considerados no estudo e dimensionamento dos diversos elementos constituintes do sistema de drenagem subsuperficial.

Diâmetro efetivo (d_{10})

O diâmetro efetivo d_{10} corresponde à dimensão dos grãos, em milímetros, em que 10% do material em peso é inferior a esse valor.

O diâmetro efetivo é um indicador das características de permeabilidade do material. Quanto maior o valor de d_{10}, maior sua granulometria, e, por conseguinte, sua respectiva condutividade hidráulica.

Além do diâmetro efetivo d_{10}, outras dimensões dos grãos, tais como d_{15}, d_{30}, d_{50}, d_{60}, d_{85}, têm sido empregadas para os estudos de permeabilidade, uniformidade e de filtros. Na falta de gráficos das curvas granulométricas, alguns diâmetros específicos dos grãos podem ser obtidos por meio de interpolação logarítmica empregando-se a expressão abaixo:

$$\log d_x = \log d_a + \frac{x-a}{b-a} \log \frac{d_b}{d_a} \qquad (3.8)$$

onde:

d_a, d_b = Diâmetros relativos aos valores das porcentagens passando nas peneiras a e b, respectivamente

d_x = Diâmetro relativo ao valor de porcentagem passando na peneira x, entre a e b x, a, b = Valores de porcentagens passando nas peneiras x, a e b, respectivamente

Coeficiente de uniformidade

O coeficiente de uniformidade é a relação entre os valores das dimensões dos grãos d_{60} e d_{10} do material.

$$C_u = \frac{d_{60}}{d_{10}} \qquad (3.9)$$

onde:

C_u = Coeficiente de uniformidade

d_{60} = Dimensão do grão em que 60% do material é inferior a esse valor, mm

d_{10} = Dimensão do grão em que 10% do material é inferior a esse valor, mm.

O coeficiente de uniformidade é um indicador da variabilidade das dimensões dos agregados constituintes do material, mostrando o quanto é densamente graduado.

Material de granulometria aberta apresenta pequena variação do coeficiente, com valores situados entre 2 e 6, enquanto materiais densamente graduados apresentam valores com variação maior, entre 20 e 50.

Se o material for constituído de grãos uniformes, de mesmo tamanho, o coeficiente de uniformidade será igual a 1.

Coeficiente de curvatura (C_z)

Outro parâmetro comumente analisado é o coeficiente de curvatura ou de graduação (C_z). Quando utilizado em conjunto com o C_u, é possível identificar se os solos são bem ou malgraduados.

Solos bem graduados apresentam C_z variando entre 1 e 3.

Para materiais permeáveis, os valores de C_z situam-se entre 0,63 e 1,64. O valor de C_z é determinado pela seguinte expressão:

$$C_z = \frac{d_{30}^2}{d_{10} \cdot d_{60}} \qquad (3.10)$$

onde:

C_z = Coeficiente de curvatura

d_{30} = Dimensão do grão em que 30% do material é inferior a esse valor, mm

3.2.2 Porosidade

A porosidade (N) é um parâmetro empregado para indicar a habilidade do agregado de reter ou permitir o fácil escoamento da água por seus interstícios.

A porosidade de um material é a quantidade de espaços vazios existentes no interior de sua estrutura, o que fornece indicação de sua permeabilidade e capacidade de retenção de água.

O esquema mostrando as relações peso-volume de um solo ou agregado é apresentado na Fig. 3.2.

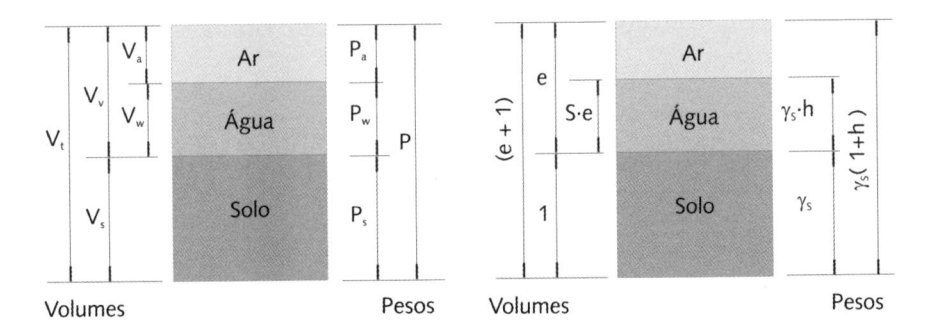

Fig. 3.2 *Relações peso-volume*

A porosidade pode ser calculada empregando-se a seguinte equação:

$$N = \frac{V_v}{V_t} \quad (3.11)$$

onde:
N = Porosidade do material
V_v = Volume de vazios, água e ar
V_t = Volume total

Caso o volume total (V_t) seja um valor unitário (1), então, a porosidade torna-se numericamente igual ao volume de vazios, como mostrado a seguir:

$$N = V_v$$

Com base na Fig. 3.2, podem ser obtidas as seguintes relações entre volumes:

$$V_t = V_v + V_s$$

$$V_v = V_t - V_s \tag{3.12}$$

$$N = \frac{V_v}{V_t} = \left(1 - \frac{V_s}{V_t}\right) \tag{3.13}$$

$$V_s = \frac{\gamma_d}{9{,}81 \cdot G_s} \tag{3.14}$$

onde:
V_s = Volume de solo
γ_d = Peso específico aparente seco do material, kN/m³
G_s = Densidade real dos grãos

Adotando-se $V_t = 1$, a porosidade do material pode ser estimada com base na seguinte equação:

$$N = \left(1 - \frac{\gamma_d}{9{,}81 \cdot G_s}\right) \tag{3.15}$$

A porosidade pode ser determinada também pela relação com o índice de vazios (e) do material, empregando-se a seguinte equação:

$$N = \frac{e}{1+e} \tag{3.16}$$

onde:
e = Índice de vazios

$$e = \frac{V_v}{V_s} \tag{3.17}$$

Usualmente, os valores da densidade real dos grãos situam-se entre 2,65 e 2,70. A variação do peso específico seco dos materiais granulares fica em torno de 19,00 e 15,46 kN/m³. Admitindo-se a densidade real de 2,68, os valores de porosidade oscilam entre 0,28 e 0,41.

3.2.3 Porosidade efetiva

A porosidade efetiva (N_e) é uma indicação da quantidade de água que realmente pode ser drenada do material saturado. Também é uma medida da capacidade que o solo tem de reter a umidade excessiva quando a amostra de material saturado é submetida à drenagem pela influência da gravidade.

A porosidade efetiva é a relação do volume de água que é drenada pela ação da gravidade em relação ao volume total da amostra.

A porosidade efetiva de um material pode ser obtida pela multiplicação da porosidade máxima e pela perda de água que ele pode sofrer, conforme indicado na expressão a seguir.

$$N_e = N \cdot W_L \tag{3.18}$$

onde:
N_e = Porosidade efetiva
N = Porosidade do material
W_L = Perda de água

Alguns valores típicos de perda d'água são apresentados na Tab. 3.1, para diferentes materiais em função da porcentagem e tipo de finos presentes no material.

A porosidade efetiva pode ser estimada com base em ensaios de laboratório com amostras de material granular, empregando-se a seguinte equação.

$$N_e = \left[1 - \frac{\gamma_d}{\gamma_w \cdot G_s}(1 + G_s \cdot w)\right] \tag{3.19}$$

onde:
γ_w = Peso específico da água
w = Teor de umidade

Tab. 3.1 Valores de perda de água em porcentagem – W_L

Tipo de material	Tipo e quantidade de finos (%)								
	Filler			Silte			Argila		
	2,5	5	10	2,5	5	10	2,5	5	10
Cascalho	70	60	40	60	40	20	40	30	10
Areia	57	50	35	50	35	15	25	18	8

A porosidade efetiva é utilizada para calcular o tempo de drenagem, e representa a quantidade máxima de água que pode ser retida ou drenada pelo material.

Exemplo 3.2 *Porosidade máxima/porosidade efetiva*

Um material para base granular de um pavimento apresenta peso específico aparente seco (γ_d) igual a 18,38 kN/m³, densidade real dos grãos G_s de 2,68, e valor de perda d'água W_L igual a 70%. Pede-se determinar as porosidades máxima e efetiva do material em análise.

Solução:

$$N = \left(1 - \frac{\gamma_d}{9,81 \cdot G_s}\right) = \left(1 - \frac{18,38}{9,81 \cdot 2,68}\right)$$

N = 0,30 – Porosidade máxima

$$N_e = N \cdot W_L = 0,30 \cdot 0,70$$

N_e = 0,21 – Porosidade efetiva

3.2.4 Saturação

A saturação (S_t) é a medida da quantidade de água existente num solo ou material granular. É uma condição de drenagem do material que nada tem a ver com sua habilidade de armazenar ou de permitir o escoamento de água.

A porcentagem ou grau de saturação define a quantidade de água presente no material granular em relação ao volume total de vazios. Quando um material está completamente saturado, todos os seus vazios estão preenchidos com água.

Assim:

$$V_w = V_v$$

onde:
V_w = Volume de água
V_v = Volume de vazios

A quantidade de água que pode ser drenada sob a ação da gravidade é dada pela seguinte equação:

$$W_D = N_e \cdot U \qquad (3.20)$$

onde:
W_D = Volume de água a ser drenado
N_e = Porosidade efetiva
U = Porcentagem de drenagem

O volume de água remanescente presente no material é dado por:

$$V_W = V_v - W_D \qquad (3.21)$$

$$V_W = V_v - N_e \cdot U \qquad (3.22)$$

A porcentagem de saturação pode ser calculada por meio da seguinte equação:

$$S_t = \frac{V_W}{V_v} \cdot 100 \qquad (3.23)$$

Uma base granular pode ser completamente drenada ($S_t = 0$) se as porosidades máxima e efetiva forem iguais.

Um valor típico de perda de água nas bases permeáveis é da ordem de 80%, ou seja, aproximadamente 20% de água da camada saturada não podem ser totalmente drenados.

Exemplo 3.3 *Saturação*

Pede-se calcular a porcentagem de saturação de um material associada a 50% de drenagem, sendo dados os seguintes valores:
N = 0,30 porosidade máxima
N_e = 0,21 porosidade efetiva
U = 50% porcentagem de drenagem

Solução:
$N = V_v$

$V_w = V_v - N_e \cdot U = 0{,}30 - (0{,}21 \cdot 0{,}50)$
$V_w = 0{,}195$

$$S_t = \frac{V_W}{V_v} \cdot 100 = \frac{0{,}195}{0{,}30} \cdot 100$$

$S_t = 65\%$ – porcentagem de saturação

3.2.5 Escoamento em meios porosos

A equação de Darcy tem sido empregada desde 1856 para o estudo de escoamento de água nos solos saturados e foi estendida para utilização em materiais granulares, adotando-se as seguintes hipóteses e simplificações:

- Fluxo contínuo de água.
- Meio poroso e homogêneo.
- Regime de fluxo laminar.
- Condição isotérmica.

Na prática, essas condições são difíceis de ser totalmente encontradas, uma vez que o fluxo em meio poroso não é uniforme e laminar.

A capacidade de fluxo ou descarga de uma camada drenante permeável é calculada com base na seguinte equação:

$$Q = k \cdot i \cdot A \qquad (3.24)$$

onde:
Q = Vazão
k = Coeficiente de permeabilidade
i = Gradiente hidráulico
A = Área da seção transversal do fluxo

A condição mais comum do solo e materiais empregados em camadas do pavimento é aquela em que seus poros não estão completamente saturados.

A equação que quantifica o movimento da água nos solos saturados e não saturados na direção horizontal, com efeito da gravidade praticamente desprezível, com atuação apenas do potencial capilar e sob condição isotérmica, é atribuída a Buckingham (1907) e denominada "equação de Darcy-Buckingham".

As formulações das equações de Darcy e Darcy-Buckingham são semelhantes, razão pela qual, por questão de simplificação, somente o primeiro autor tem sido referenciado.

3.2.6 Permeabilidade

A condutividade hidráulica é a propriedade do meio poroso que traduz a rapidez com que determinado líquido atravessa esse meio.

A permeabilidade é a medida da velocidade com que a água flui através dos solos ou materiais granulares.

O coeficiente de permeabilidade é o parâmetro que mede a capacidade de percolação do fluxo d'água pelo interior de determinado material submetido a um gradiente hidráulico.

A determinação do coeficiente de permeabilidade pode ser feita por ensaios de laboratório (uso de permeâmetros) e por ensaios de campo (infiltração e bombeamento) ou estimada por meio de equações empíricas. A permeabilidade *in situ* deve ser a preferida, uma vez que reflete as condições reais no campo, enquanto a de laboratório pode ser aproximada, em virtude das dificuldades de reprodução e simulação de diversas situações de compactação e saturação das amostras a ser ensaiadas.

Em laboratório, para os solos granulares (areias e pedregulhos), são utilizados permeâmetros de carga constante e, para os solos finos (siltes e argilas), empregam-se os de carga variável. As normas a ser empregadas são a NBR 13.292 para o caso de carga constante e a NBR 14.545 para carga variável.

Para ensaios de determinação do coeficiente de permeabilidade em solos em campo, sugere-se a leitura do Boletim nº 4 da Associação Brasileira de Geologia de Engenharia e Ambiental – ABGE.

O ensaio de infiltração (introdução de água) consiste em injetar água em um furo de sondagem até a obtenção de um regime estacionário, caracterizado por um nível de água constante, sob o qual se mede a vazão.

O ensaio de bombeamento (retirada de água) consiste em medir a vazão bombeada em um poço, necessária para manter constante o nível d'água rebaixado, cujo aquífero descarregado é medido com piezômetros posicionados estrategicamente.

Para ensaiar materiais granulares empregados em pavimentação, Barber e Sawyer (1952) desenvolveram um permeâmetro, mostrado na Fig. 3.3, cujo modelo é apropriado para medir coeficientes de condutividade hidráulica sob baixo gradiente, que é a condição encontrada nas rodovias.

Em todos os ensaios mede-se o volume de água que passa num determinado tempo por uma seção de amostra de material, podendo, assim, calcular-se a vazão que percola pelo material em estudo.

Procedimento de ensaio – condutividade hidráulica

Para realizar os ensaios de condutividade hidráulica utilizando o permeâmetro apresentado por Barber e Sawyer, o valor de k é obtido por meio das Eqs. 3.25 e 3.26, apresentadas a seguir:

$$k = \frac{B}{1 - \frac{h \cdot A_1}{Q}} \cdot \frac{a \cdot d_0}{A_2 \cdot t} \qquad (3.25)$$

onde:
Q = Capacidade/vazão de fluxo
A_2 = Área da seção = A_1 + a (ver Fig. 3.3)
A_1 = Área da seção transversal do cilindro interno
a = Área transversal inscrita entre o cilindro externo e o interno
h = Diferença da altura da lâmina d'água sobre a amostra, dentro do cilindro interno, antes e após a realização do ensaio
d_0 = Altura da amostra
t = Tempo de escoamento
B = Constante implícita, definida através da Eq. 3.26, abaixo:

$$\frac{h \cdot A_1}{Q} = 1 - \frac{B}{\ln \frac{1}{1-B}} \qquad (3.26)$$

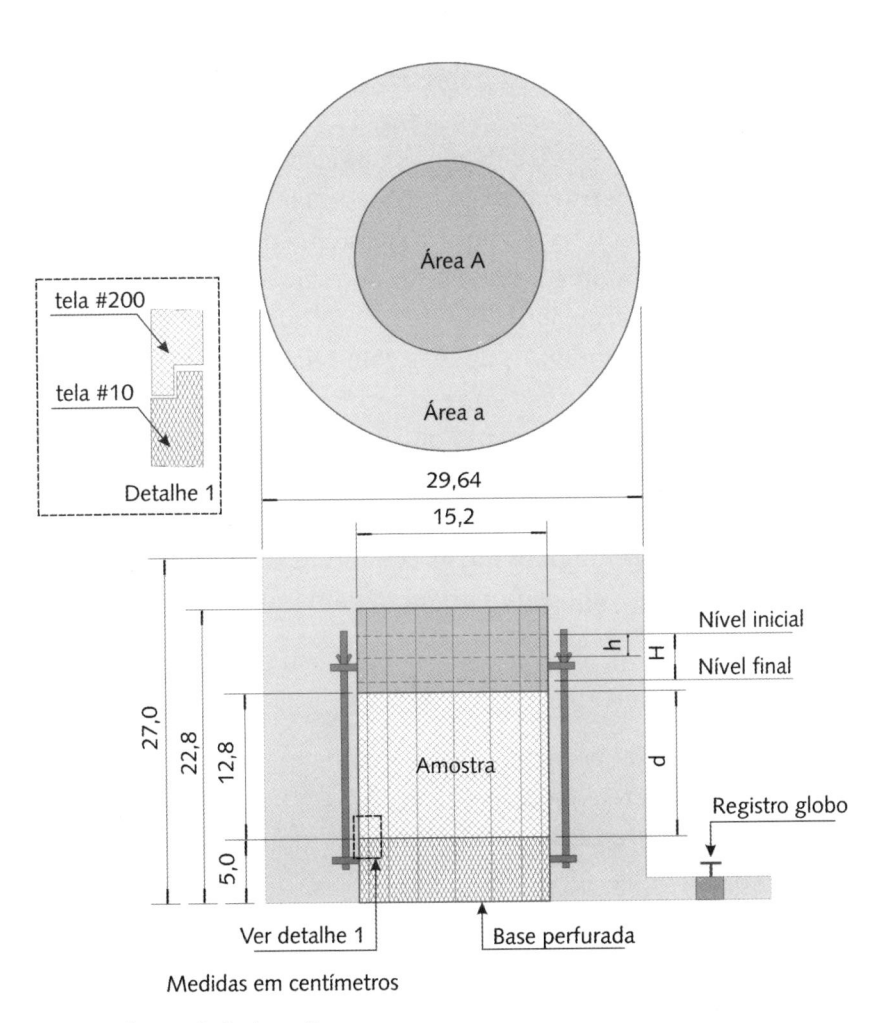

Fig. 3.3 *Permeâmetro de Barber e Sawyer*

Equações empíricas para a estimativa da permeabilidade

Com relação aos materiais granulares, os principais fatores que influenciam a permeabilidade são: diâmetro efetivo dos grãos (d_{10}), porosidade (N) e a porcentagem de finos que passa pela peneira 200 (P_{200}).

Segundo a FHWA, esses fatores, em conjunto, são responsáveis por mais de 91% da variação da condutividade hidráulica medida em ensaios de laboratório.

Para se obter elevadas permeabilidades deve-se reduzir a parcela de materiais finos; porém, isso implicará diminuição da densidade e da estabilidade desses materiais.

Em uma situação ideal, devem ser realizados ensaios laboratoriais de estabilidade e de permeabilidade sobre amostras dos materiais a ser efetivamente utilizados na estrutura do pavimento. Porém, em função das dificuldades inerentes à realização de todo o conjunto de ensaios, pode-se estimar a permeabilidade dos materiais por meio de correlações estatísticas, ensaiando-os apenas com relação à estabilidade.

As correlações empíricas entre a permeabilidade e o tamanho dos grãos, densidade seca, porosidade ou índice de vazios, utilizadas com maior frequência, são apresentadas a seguir:

♦ Correlação proposta por Hazen (1911)

Embora preconizada para filtros constituídos de areias fofas e uniformes, ela é também aplicada para uma gama muito grande de materiais granulares:

$$k = C_k \cdot d_{10}^2 \quad (3.27)$$

onde:

k = Coeficiente de permeabilidade, cm/s

d_{10} = Diâmetro efetivo do agregado, mm

C_k = Coeficiente experimental adotado conforme Tab. 3.2

Tab. 3.2 Coeficientes – fórmula de Hazen

Tipo de solo	d_{10} (mm)	C_k
Areias uniformes	0,06 – 3,0	0,8 – 1,2
Areia bem-graduada e siltes arenosos	0,003 – 0,6	0,5 – 0,8

A permeabilidade não deve ser confundida com a porosidade, que é a medida da quantidade de vazios existentes no material e que, no entanto, é um fator importante que influencia a velocidade de escoamento da água.

♦ Correlação proposta por Moulton (1980)

A Eq. 3.28, a seguir, foi desenvolvida para calcular a estimativa da permeabilidade de materiais granulares empregados como camadas drenantes:

$$k = 2{,}192 \cdot 10^2 \cdot d_{10}^{1,478} \cdot N^{6,654} \cdot P_{200}^{-0,597} \quad (3.28)$$

onde:
k = Coeficiente de permeabilidade, cm/s
d_{10} = Diâmetro efetivo do agregado, mm
N = Porosidade, %
P_{200} = Porcentagem de finos passando na peneira 200

Observa-se que a expressão acima não pode ser utilizada quando a mistura não apresenta materiais finos passando na peneira de malha 200.

Ao longo dos anos, inúmeras equações teóricas e empíricas têm sido desenvolvidas para se estimar o coeficiente de permeabilidade, ou, mais precisamente, a condutividade hidráulica dos materiais saturados (k).

Apresenta-se no Quadro 3.1 o resumo das principais equações empíricas para previsão do coeficiente de permeabilidade (k).

Quadro 3.1 Equações de previsão de coeficientes de permeabilidade

Autor	Equação	Materiais	
Sherard et al. (1984)	$k = 0{,}35 \cdot d_{15}^2$	solos siltosos	mm/s
Kamal (1993)	$k = -69{,}2 - 22{,}1 \cdot d_{10} + 24{,}7 \cdot d_{20} + +228 \cdot e + 6{,}96 \cdot d_{10}^2 - 1{,}56 \cdot d_{20}^2$	materiais granulares não estabilizados	mm/s
Elsayed e Lindly (1995)	$k = 852{,}298 - 248{,}665(AC) + +97{,}507(AR) - 95{,}521 \cdot P_8$	material tratado com asfalto	pés/dia
Elsayed e Lindly (1996)	$k = -0{,}251 + 0{,}92 \cdot e + \dfrac{2{,}68}{P_{30}} - 0{,}005 \cdot P_{200}$	materiais granulares abertos e densos	pés/dia

k = Coeficiente de permeabilidade
d_i = Diâmetro efetivo do agregado correspondente a i% de material passado
N = Porosidade
e = Índice de vazios – 0,26 a 0,28

AC = Porcentagem de cimento asfáltico em peso
AR = Porcentagem do volume de vazios
P_i = Porcentagem de finos passando na peneira i

No Cap. 4 é apresentado gráfico indicando curvas granulométricas e valores de permeabilidade de materiais típicos empregados como camadas drenantes.

A Tab. 3.3 indica a ordem de grandeza dos coeficientes de permeabilidade de alguns solos e materiais típicos granulares utilizados em obras de pavimentação:

Tab. 3.3 Coeficientes de permeabilidade típicos

Material	Granulometria (cm)	Coeficiente de permeabilidade (cm/s)
Brita 5	7,5 a 100	100
Brita 4	5,0 a 7,5	80
Brita 3	2,5 a 5,0	45
Brita 2	2,0 a 2,5	25
Brita 1	1,0 a 2,0	15
Brita 0 – pedrisco	0,5 a 1,0	5
Areia grossa	0,2 a 0,5	10^{-1}
Areia média	5.10^{-2} a 5.10^{-1}	10^{-2}
Areia fina	5.10^{-3} a 5.10^{-2}	10^{-3}
Siltes/areia argilosa	5.10^{-4} a 5.10^{-3}	10^{-5}
Argila	$< 5.10^{-4}$	$<10^{-7}$
Geotêxtil – Bidim	–	4.10^{-1}

Efeitos dos finos

Tem sido reconhecido ao longo do tempo que a granulometria e a densidade são fundamentais para a estabilidade dos materiais granulares. A granulometria usualmente requerida para aumentar a estabilidade deve ser bem-graduada, variando uniformemente de graúda para miúda.

Para se obter permeabilidade adequada, as partículas finas precisam ser eliminadas, assim, a estabilidade da camada drenante pode ser adversamente afetada. Essa compensação de estabilidade pode ser garantida na camada drenante por meio da utilização de pequena porcentagem de ligante do tipo asfalto ou cimento Portland.

Permeabilidade efetiva de revestimentos deteriorados

Em muitos casos de restauração, um recapeamento é lançado sobre um pavimento existente relativamente deteriorado. Assim, o revestimento antigo passa a servir de camada de base para a nova estrutura. Nessas circunstâncias, o projeto de drenagem subsuperficial deve considerar o grau e a extensão do trincamento do revestimento existente, porque o dreno a ser eventualmente instalado deve coletar a água do recapeamento e aquela que percola pelo subleito e pelas fraturas da antiga estrutura.

O dreno específico para restauração do pavimento deve ser dimensionado hidraulicamente considerando os influxos provenientes da camada deteriorada. Esses influxos são de difícil determinação por causa da aleatoriedade que normalmente ocorre nas dimensões e densidades das fraturas do revestimento antigo. Mais importantes que as características geométricas das fissuras são o sentido, a orientação e a continuidade das fraturas, uma vez que as fraturas orientadas longitudinalmente e que estiverem paralelas aos drenos rasos não terão eficiência nem desempenho satisfatórios, a menos que drenos transversais sejam instalados.

A condutividade hidráulica de pavimentos trincados em forma de blocos (asfálticos ou de concreto) pode ser estimada assumindo que o fluxo de água na simples fratura seja similar ao fluxo que escoa na junta formada entre duas placas colocadas paralelamente.

Admitindo-se que as fraturas estejam alinhadas numa mesma direção, e que os blocos tenham espaçamento uniforme, a condutividade hidráulica equivalente pode ser estimada por meio da expressão abaixo, conforme proposta por Zimmerman e Bodvarrson (1996).

$$k_f = 3.600 \cdot \frac{g \cdot b^3}{v \cdot S} \tag{3.29}$$

onde:
k_f = Condutividade hidráulica equivalente saturada, pé/h
g = Aceleração da gravidade, pé/s²

b = Largura média da fratura, pé
v = Viscosidade cinemática da água, pé²/s
S = Espaçamento entre fraturas, pé

Considerando-se que as fraturas podem ocorrer em qualquer direção, a equação proposta serve para estimar o fluxo equivalente tanto no sentido longitudinal como no transversal. É bom lembrar que a condutividade equivalente calculada pela fórmula pode atingir valores relativamente elevados quando comparados com os materiais típicos empregados para camadas drenantes.

Apresenta-se, a seguir, um exemplo de cálculo de condutividade hidráulica de um pavimento fissurado, considerando que as fraturas transversais tenham largura média de 0,1 polegada (0,0083 pés) e espaçamento médio de 3 pés.

$$k_f = 3.600 \cdot \frac{32,2 \cdot 0,0083^3}{1,07 \cdot 10^{-5} \cdot 3} \cdot 24 \rightarrow k_f = 49.556 \text{ pés/dia} = 17,5 \text{ cm/s}$$

Em termos práticos, porém, o problema do desempenho da drenagem subsuperficial no caso de obras de restauração não está na estimativa do valor da permeabilidade do pavimento trincado, mas sim na dificuldade de a água entrar e fluir pelo dreno a ser instalado para esse objetivo.

Apesar de a condutividade efetiva do pavimento trincado ser elevada, é importante verificar se as fissuras apresentam continuidade na trajetória, principalmente na direção transversal da pista de rolamento, mesmo que não seja uma linha perfeitamente reta.

As fraturas que apresentam orientação longitudinal não serão efetivas do ponto de vista de drenagem caso não sejam interligadas com os drenos em diversos pontos transversais, adequadamente, para permitir o escoamento da água.

3.2.7 Velocidade de percolação

A velocidade de percolação determinada pela Eq. 3.30 a seguir corresponde àquela real média da água através dos vazios ou poros existentes num material granular, e é empregada para estudar o transporte de partículas sólidas no interior da camada drenante.

3 | Fatores de dimensionamento hidráulico

$$v_s = \frac{k \cdot i}{N} \qquad (3.30)$$

onde:
v_s = Velocidade de percolação, m/dia
k = Coeficiente de permeabilidade, m/dia
i = Gradiente hidráulico, m/m
N = Porosidade do material

3.2.8 Velocidade de escoamento

A velocidade de descarga ou de escoamento é a velocidade nominal média da água através do material granular e é usada para determinar o tempo de o fluxo atingir dois pontos distintos da camada drenante.

A velocidade de escoamento é dada pela seguinte Eq. 3.31:

$$v_e = k \cdot i \qquad (3.31)$$

onde:
v_e = Velocidade de escoamento, m/dia

$$v_e = v_s \cdot N \qquad (3.32)$$

Nota-se que as velocidades de percolação, de escoamento e a permeabilidade apresentam a mesma unidade, gerando, em algumas situações, dúvidas conceituais.

3.2.9 Tempos de percolação e de escoamento

O tempo que a água permanece no interior da estrutura possui notável importância, tendo em vista os efeitos danosos do tráfego pesado sobre os materiais saturados, ocasionando redução na capacidade de suporte da fundação, aumento da deflexão e consequente diminuição na vida útil do pavimento.

Cedergren recomenda que o tempo de percolação (t_s) de drenagem seja inferior a uma hora e estabelece os critérios para esse cálculo baseando-se na equação de Darcy (Eq. 3.33):

$$Q = k \cdot i \cdot A \tag{3.33}$$

Com base na equação, determina-se a velocidade de percolação (v_s):

$$v_s = \frac{Q}{A_{ef}} = \frac{k \cdot i \cdot A}{A_{ef}} \tag{3.34}$$

A_{ef} é a área efetiva da seção transversal considerada, calculada em função da porosidade:

$$A_{ef} = N \cdot A \tag{3.35}$$

N é a porosidade determinada em função do índice de vazios, e, portanto, tem-se:

$$v_s = \frac{k \cdot i}{N} \tag{3.36}$$

Os tempos de percolação (t_s) e de escoamento (t_e) serão dados, respectivamente, por:

$$t_s = \frac{L_R}{v_s} \tag{3.37}$$

$$t_e = \frac{L_R}{v_e} \tag{3.38}$$

$$t_s = t_e \cdot N \tag{3.39}$$

3.2.10 Tempo de drenagem (t_d)

Tempo de drenagem (t_d) é o período necessário para retirar determinada porcentagem de umidade do material assumindo que a água da chuva se infiltra pelo revestimento, satura completamente a camada de base, e, a partir desse momento, toda água adicional percolará pela superfície do pavimento.

Um pavimento sem nenhum dispositivo de drenagem subsuperficial requer entre vinte horas e cinquenta horas para drenar a água acumulada no interior de sua estrutura.

3 | Fatores de dimensionamento hidráulico

Apresentam-se, a seguir, dois procedimentos que têm sido adotados pela FHWA e AASHTO para cálculo do tempo de drenagem, empregando-se basicamente os mesmos dados de informação. O primeiro foi proposto por Casagrande e Shannon, e o segundo por Barber e Sawyer, os dois desenvolvidos em 1952.

Procedimento de Casagrande e Shannon

O procedimento proposto por Casagrande e Shannon apresenta o conceito de tempo de drenagem, definido como o tempo necessário para que se obtenha uma redução no grau de saturação para a base partindo-se da condição inicial de saturação completa.
Os autores propõem as seguintes equações:
Para $U \geq 0,5$

$$T = \left(1,2 - \frac{0,4}{S_1^{1/3}}\right)\left\{S_1 - S_1^2 \ln\left(\frac{S_1+1}{S_1}\right) + S_1 \ln\left[\frac{2 \cdot S_1 - 2 \cdot U \cdot S_1 + 1}{(2 - 2 \cdot U) \cdot (S_1 + 1)}\right]\right\} \quad (3.40)$$

Para $U \leq 0,5$

$$T = \left(1,2 - \frac{0,4}{S_1^{1/3}}\right)\left\{2 \cdot U \cdot S_1 - S_1^2 \cdot \ln\left(\frac{S_1 + 2 \cdot U}{S_1}\right)\right\} \quad (3.41)$$

onde:
U = Porcentagem de drenagem

S_1 = Fator de declividade = $\dfrac{L_R \cdot S_R}{H}$

H = Espessura da camada granular
S = Declividade da camada granular

T = Fator tempo = $\dfrac{t_d \cdot k \cdot H}{N_e \cdot L_R^2}$

t_d = Tempo de drenagem da porcentagem U
k = Permeabilidade do material granular
N_e = Porosidade efetiva do material granular

A solução gráfica das equações propostas por Casagrande e Shannon está apresentada no ábaco da Fig. 3.4.

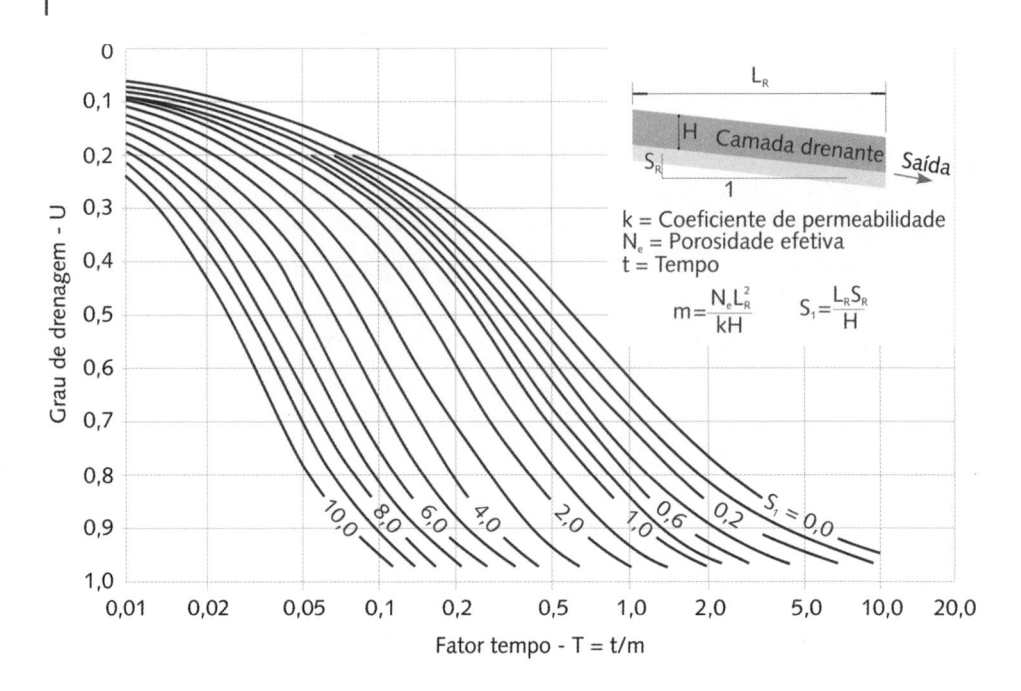

Fig. 3.4 *Fator tempo em função do grau de drenagem*

Procedimento de Barber e Sawyer

O procedimento sugerido por Barber e Sawyer também introduz o conceito de tempo de drenagem, nos mesmos moldes do já apresentado.

Os autores propõem as seguintes equações:

Para $U > 0,5$

$$T = 0,5 \cdot S_1 - 0,48 \cdot S_1^2 \cdot \log\left(1 + \frac{2,4}{S_1}\right) + 1,15 \cdot S_1 \cdot \log\left[\frac{S_1 - U \cdot S_1 + 1,2}{(1-U) \cdot (S_1 + 2,4)}\right] \quad (3.42)$$

Para $U \leq 0,5$

$$T = U \cdot S - 0,48 \cdot S_1^2 \cdot \log\left(1 + \frac{4,8 \cdot U}{S_1}\right) \quad (3.43)$$

Cálculo do tempo de drenagem

Com base nos procedimentos propostos, a equação abaixo permite a determinação do tempo de drenagem que a camada permeável é capaz de retirar U% da água drenável da estrutura do pavimento.

$$t_d = T \cdot m \cdot 24 \qquad (3.44)$$

onde:
t_d = Tempo de drenagem, horas
T = Fator tempo.
m = Coeficiente de drenagem para U%

Especificamente para U = 50%, o fator tempo pode ser obtido da Fig. 3.5, por meio da correlação com o fator de declividade S_l, calculado conforme Eq. 3.45, a seguir.

$$S_l = \frac{L_R \cdot S_R}{H} \qquad (3.45)$$

onde:
S_l = Fator de declividade
S_R = Declividade resultante
L_R = Comprimento resultante
H = Espessura da camada drenante

O gráfico da Fig. 3.5 foi obtido da Fig. 3.4, por Moulton, com a extrapolação do fator de declividade para valores superiores a 10, considerando-se um grau de drenagem U = 50%.

O Fator "m" é determinado por meio da seguinte equação:

$$m = \frac{N_e \cdot L_R^2}{k \cdot H} \qquad (3.46)$$

onde:
N_e = Porosidade efetiva do material drenante
L_R = Comprimento resultante, m
k = Coeficiente de permeabilidade, m/dia
H = Espessura da camada drenante, m

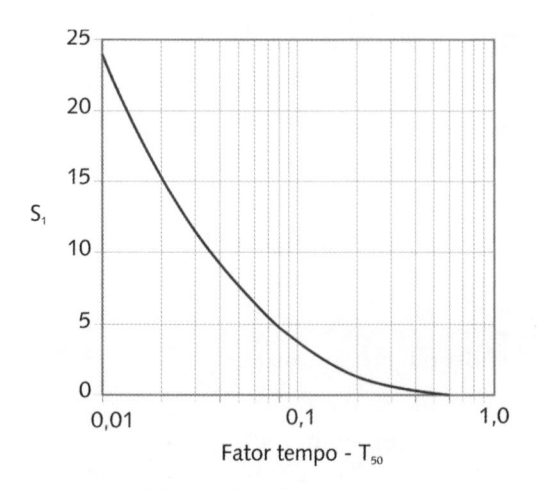

Fig. 3.5 *Fator tempo em função do fator de declividade*

De acordo com Casagrande e Shannon, o tempo para ocorrer 50% da drenagem pode ser estimado, aproximadamente, também pela seguinte expressão:

$$t_{50} = \frac{N_e \cdot L_R^2}{2 \cdot k \cdot (H + S \cdot L_R)} \tag{3.47}$$

3.3 Infiltração de projeto

As principais fontes de entrada de água no pavimento são a infiltração superficial, percolação do lençol freático e a água proveniente de degelo.

A infiltração superficial é a fonte mais importante e sempre deve ser considerada no projeto de drenos subsuperficiais. Sempre que possível, o nível freático deve ser rebaixado por meio da instalação de drenos profundos longitudinais, evitando-se, assim, que haja percolação para o interior da estrutura do pavimento. Caso isso não seja possível, a quantidade de água percolada do lençol freático para a camada drenante deverá ser estimada à parte.

Quando o nível freático está rebaixado a uma distância da ordem de 1,50 m da superfície do pavimento, bem como no caso de aterro alto, a infiltração superficial é, provavelmente, a única água a ser considerada no projeto de drenagem subsuperficial.

A água proveniente de degelo é desprezível para as condições climáticas brasileiras.

Os revestimentos novos de concreto asfáltico com granulometria densa ou de concreto de cimento Portland com juntas adequadamente seladas, sem manifestação de trincas na superfície, apresentam infiltração de água compatível com a permeabilidade desses materiais, ou seja, da ordem de 10^{-9} cm/s.

No entanto, a infiltração pela superfície da pista de rolamento ocorre principalmente através das fissuras, trincas e juntas malseladas que, inevitavelmente, vão surgindo ao longo do tempo pelas ações do tráfego e das intempéries, pelas trincas ou juntas entre a pista e o acostamento, pelos próprios acostamentos não revestidos ou pelas valas laterais ao pavimento.

Para estimar o volume de água que se infiltra pela superfície de modo a subsidiar o dimensionamento do sistema de drenagem subsuperficial são indicados dois procedimentos.

O primeiro, proposto por Cedergren em 1973, considera o índice pluviométrico, a taxa de infiltração, o tipo e o estado de conservação do revestimento quanto ao trincamento de sua superfície.

O segundo, recomendado por Ridgeway em 1976, procura quantificar o volume de água que se infiltra no pavimento em função do número e extensão de fissuras ou juntas e da geometria da plataforma, empregando valores experimentais obtidos pelo próprio pesquisador.

Os dois procedimentos citados são recomendados pela FHWA no *Highway Subdrainage Design* publicado sob o número FHWA-TS-80-224, sob supervisão do professor Lyle K. Moulton.

O procedimento propugnado por Ridgeway é também recomendado pela AASHTO versão 1986, apêndice AA – *Guide for the Design of Highway Internal Drainage Systems*.

O Manual de drenagem de rodovias do DNIT/DNER – versão 2006, preconiza, para efeito de estudos de drenagem de pavimentos, o critério sugerido por Cedergren.

3.3.1 Critério de Cedergren

O método se resume na estimativa da porcentagem de água que se infiltra através da superfície do pavimento, considerando-se a precipitação com duração de uma hora e período de retorno ou de recorrência igual a um ou dois anos, em função do volume de tráfego pesado previsto para a rodovia.

Para determinação do volume de água a ser considerado no dimensionamento do sistema de drenagem é necessário ter conhecimento da precipitação de projeto e da taxa de infiltração a ser empregada em função do tipo de revestimento do pavimento.

Cedergren propõe valores de coeficientes de infiltração (c_i) variando entre 0,50 e 0,67 para revestimentos de concreto de cimento Portland e de 0,33 a 0,50 para revestimentos asfálticos.

Sendo assim, o volume de água que se infiltra pela superfície é estimado por meio da seguinte equação:

$$q_i = c_i \cdot p_i \qquad (3.48)$$

onde:
q_i = Volume de infiltração por unidade de área
c_i = Coeficiente de infiltração
p_i = Índice pluviométrico, mm/h

3.3.2 Critério de Ridgeway

O critério proposto por Ridgeway recomenda uma infiltração baseada na extensão das trincas e juntas do pavimento.

A condição das trincas e juntas do pavimento (seladas ou não, com ou sem esborcinamento, abertura das fissuras etc.) e o tipo de base sob a superfície do pavimento (solo-cimento, solo-brita, brita graduada, graduação aberta ou fechada etc.) influenciam diretamente o volume de água que se infiltra.

A Eq. 3.49, utilizada para a determinação do volume de água que se infiltra, é apresentada a seguir:

$$q_i = I_c \cdot \left[\frac{N_c}{W} + \frac{W_c}{W \cdot C_s} \right] + k_p \qquad (3.49)$$

onde:
q_i = Volume de infiltração por unidade de área, m³/dia/m²
I_c = Índice de infiltração por unidade de comprimento de trincas e juntas, m³/dia/m

N_c = Número de trincas e juntas longitudinais contribuintes
W_c = Largura da pista, m
W = Largura de contribuição, m
C_s = Espaçamento entre juntas transversais contribuintes, m
k_p = Taxa de infiltração pela superfície não trincada, m³/dia/m²

Estudos conduzidos por Ridgeway recomendam o índice de infiltração (I_c) igual a 0,223 m³/dia/m. Esse valor é adotado pelo *Highway Subdrainage Design* da FHWA e corresponde, aproximadamente, à infiltração média medida em trincas de pavimentos com revestimento asfáltico sobre base granular de graduação aberta.

Assumindo N_c igual ao número de faixas de tráfego N mais um, a largura de contribuição W_c igual à largura da pista W e desprezando a parcela da infiltração pela superfície não trincada, a taxa de infiltração pode ser estimada por meio da seguinte expressão:

$$q = q_i \cdot W = I_c \cdot \left(N + 1 + \frac{W}{C_s} \right) \qquad (3.50)$$

onde:
q = Taxa de infiltração (m³/dia/m)
C_s = Espaçamento entre juntas transversais contribuintes no pavimento de concreto ou 12 m nos pavimentos asfálticos.

A Fig. 3.6 ilustra formas de infiltrações de águas de chuva nos tipos usuais de revestimentos de pavimentos.

3.4 Análise comparativa entre diferentes procedimentos para estimativa da infiltração de águas pluviais no pavimento

Artigo apresentado no Coninfra 2009 – SUZUKI, C. Y.; KABBACH JUNIOR, F. I.; AZEVEDO, A. M.; com adaptações

Conforme apresentado, existem dois critérios tradicionais empregados para estimar a quantidade de água que se infiltra pelo pavimento. O primeiro é preconizado por Cedergren, que considera para a infiltração um coeficiente que deve ser multiplicado pela precipitação de projeto adotada com duração de uma hora e período de recorrência de um ou dois anos. Esse coeficiente varia de 0,33 a 0,50 para pavimentos com revestimentos asfálticos e de 0,50 a 0,67 para pavimentos de concreto de cimento Portland.

Moulton (1980) recomenda uma taxa fixa de infiltração de 0,223 m³/dia/m de trinca ou junta. Ele admite que a taxa de infiltração é totalmente empírica e que no momento (dos seus estudos) era difícil estabelecer um critério mais realístico para se estimar um índice de infiltração, uma vez que a quantidade de trincas na superfície depende da época de análise, das dimensões geométricas da plataforma viária e das condições de manutenção do pavimento de cada local.

Estuda-se, ainda, um terceiro procedimento, que consiste em considerar que o volume remanescente do deflúvio superficial se infiltra e se acumula no interior da estrutura do pavimento.

O objetivo deste item é efetuar uma análise comparativa entre os procedimentos de cálculo da infiltração de projeto para diversas situações de tipos de pavimentos, plataformas e localidades, em função do grande número de estudos sobre a relação intensidade, duração e frequência de chuvas para o Estado de São Paulo.

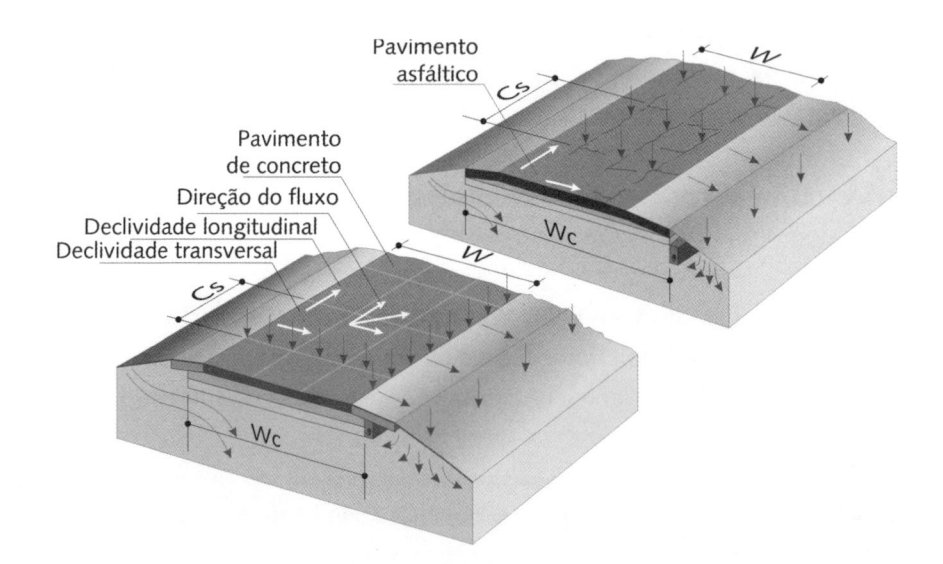

Fig. 3.6 *Esquema de infiltração de águas pluviais em pavimentos asfáltico e de concreto*

3 | Fatores de dimensionamento hidráulico

3.4.1 Infiltrações de projeto

Método do índice pluviométrico

Esse procedimento, proposto por Cedergren, considera uma taxa de infiltração do índice pluviométrico que é função do tipo e do estado de conservação da superfície do pavimento.

A intensidade pluviométrica para a determinação da infiltração de projeto corresponde a uma chuva com duração de uma hora e período de retorno igual a dois anos.

Apresentam-se, a seguir, na Tab. 3.4, valores estimados de volumes de infiltração, por tipo de revestimento e para os critérios de Cedergren, empregando-se uma chuva típica média de 40 mm/h (0,96 m/dia) que pode ser representativa para a maioria das localidades do Estado de São Paulo.

Tab. 3.4 Volume de infiltração segundo critério de Cedergren

Tipo de revestimento	Coeficiente de infiltração	q_i (m^3/dia/m^2)
Asfáltico	0,33 – 0,50	0,32 a 0,48
Rígido – CCP	0,50 – 0,67	0,48 a 0,64

Método de infiltração pelas trincas

Esse método, proposto por Moulton (1980), considera uma taxa de infiltração (I_c) de 0,223 m^3/dia/m de trincas ou juntas, independentemente da intensidade e da duração da precipitação pluviométrica do local.

Admite-se que ocorrerá infiltração pelas juntas longitudinais e transversais de construção, bem como pelas trincas que surgirão na superfície do pavimento ao longo do período de estudo.

Na Tab. 3.5, a seguir, apresentam-se os resultados do estudo paramétrico desenvolvido para estimar a infiltração de projeto para rodovias com diferentes números de faixas, admitindo-se largura de contribuição igual à da camada drenante e espaçamento de juntas transversais (C_s) igual a 5 m, independentemente do tipo de pavimento, rígido ou flexível.

Foram considerados: largura de faixas de rolamento igual a 3,6 m, acostamento externo com 3 m e faixa de segurança ou refúgio com 1 m.

Conforme se pôde observar, independentemente do tipo de via analisado, e para as hipóteses adotadas de larguras de faixas, espaçamento de juntas ou trincas transversais e posição do dreno raso longitudinal, a infiltração de projeto é sempre da ordem de 0,105 m³/dia/m².

Tab. 3.5 Volume de infiltração segundo critério de Moulton

Nº de faixas por sentido (N)	N_c	$W_c = W$ (m)	q_i (m³/dia/m²)
1	2	6,6	0,112
2	3	11,2	0,104
3	4	14,8	0,105
4	5	18,4	0,105

3.4.2 Precipitações de projeto

A precipitação em Hidrologia é entendida como toda água proveniente do meio atmosférico que atinge a superfície terrestre.

As diferentes formas de precipitação são neblina, chuva, granizo, orvalho, geada e neve, sendo a principal característica o estado físico em que a água se encontra.

Em vista de sua capacidade de produzir rápido escoamento, a chuva é o tipo de precipitação mais importante que deverá ser considerado no dimensionamento dos dispositivos de drenagem de pavimentos.

De acordo com o critério de Cedergren, para a estimativa da infiltração de projeto é necessário determinar a intensidade pluviométrica para tempo de concentração de uma hora e período de retorno de um a dois anos.

Para a estimativa da intensidade pluviométrica, ao longo do tempo, inúmeros pesquisadores têm apresentado estudos diversos sobre a relação IDF – *Intensidade, Duração e Frequência* – de chuvas para várias localidades do Estado de São Paulo.

Objetivando facilitar os trabalhos dos projetistas, na Tab. 3.6 são apresentados os valores de precipitação para o caso específico de interesse nos projetos de dispositivos de drenagem subsuperficial, conforme propugnado por Cedergren.

Com base nesses resultados, foi preparado um mapa (Fig. 3.7) contendo isoietas que permitem estimar a infiltração de projeto para diferentes regiões do Estado de São Paulo em que se pretende implantar ou restaurar uma dada rodovia empregando-se dispositivos de drenagem de pavimentos.

Tab. 3.6 Locais de análise e intensidade pluviométrica

	Município	Prefixo	Nome do posto	Latitude S	Longitude W	Altitude (m)	I mm/h
1	Andradina	B8-004R	Andradina	20°55'	51°22'	370	42,3
2	Araraquara	C5-017R	Chibarro	21°53'	48°09'	580	44,1
3	Bauru	D6-036R	Bauru	22°19'	49°02'	540	41,4
4	Botucatu	D5-059M	Botucatu	22°57'	48°26'	873	41,8
5	Bragança Paulista	D3-072M	Bragança Paulista	22°57'	46°32'	860	36,9
6	Cachoeira Paulista	D2-013R	Cachoeira Paulista	22°40'	45°01'	520	45,5
7	Campos do Jordão	D2-096R	Campos do Jordão	22°42'	45°29'	1.600	36,4
8	Cubatão	E3-038R	Piaçaguera	23°52'	46°23'	5	53,2
9	Eldorado	F5-007R	Eldorado	24°31'	48°06'	20	38,6
10	Garça	D6-092R	Mundo Novo	22°19'	49°46'	660	44,5
11	Iacri	C7-054R	Iacri	21°52'	50°42'	510	47,4
12	Iguape	F4-040R	Momuna	24°42'	47°40'	5	73,7
13	Itararé	F6-004R	Itararé	24°07'	49°20'	760	38,8
14	Itu	E4-023R	Pirapitingui	23°20'	47°20'	640	42,1
15	Leme	D4-030R	Cresciumal	22°10'	47°17'	600	42,1
16	Lins	C6-015R	Fazenda São Pedro	21°42'	49°41'	480	48,7
17	Martinópolis	D8-041R	Laranja Doce	22°15'	51°10'	430	44,1
18	Piracicaba	D4-104R	Piracicaba	22°43'	47°39'	500	45,1
19	Piraju	E6-006M	Jurumim	23°13'	49°14'	571	43,9
20	Salto Grande	D6-089M	Salto Grande	22°54'	50°00'	400	37,1
21	São J. do Rio Pardo	C3-035R	São J. do Rio Pardo	21°36'	46°54'	660	35,6
22	São J. do Rio Preto	B6-020R	São J. do Rio Preto	20°48'	49°23'	470	46,9
23	São Paulo	E3-035	IAG/USP	23°39'	46°38'	780	39,3
24	Serrana	C4-083R	Serrana	21°13'	47°36'	540	42,2
25	Tapiraí	E4-055R	Tapiraí	23°58'	47°30'	870	39
26	Tatuí	E5-062R	Campo do Paiol	23°23'	48°02'	640	35,9
27	Taubaté	E2-022R	Taubaté	23°02'	45°34'	610	41
28	Teodoro Sampaio	D9-020R	Pontal	22°37'	52°10'	255	44,5
29	Ubatuba	E2-052R	Ubatuba	23°26'	45°04'	1	49,5
30	Votuporanga	B6-036R	Votuporanga	20°26'	49°59'	510	46,3

3.4.3 Considerações finais

Conforme se pode observar confrontando os valores das Tabs. 3.4 e 3.5, os volumes de infiltração são bastante discrepantes. Enquanto os valores sugeridos por Cedergren são relativamente elevados e

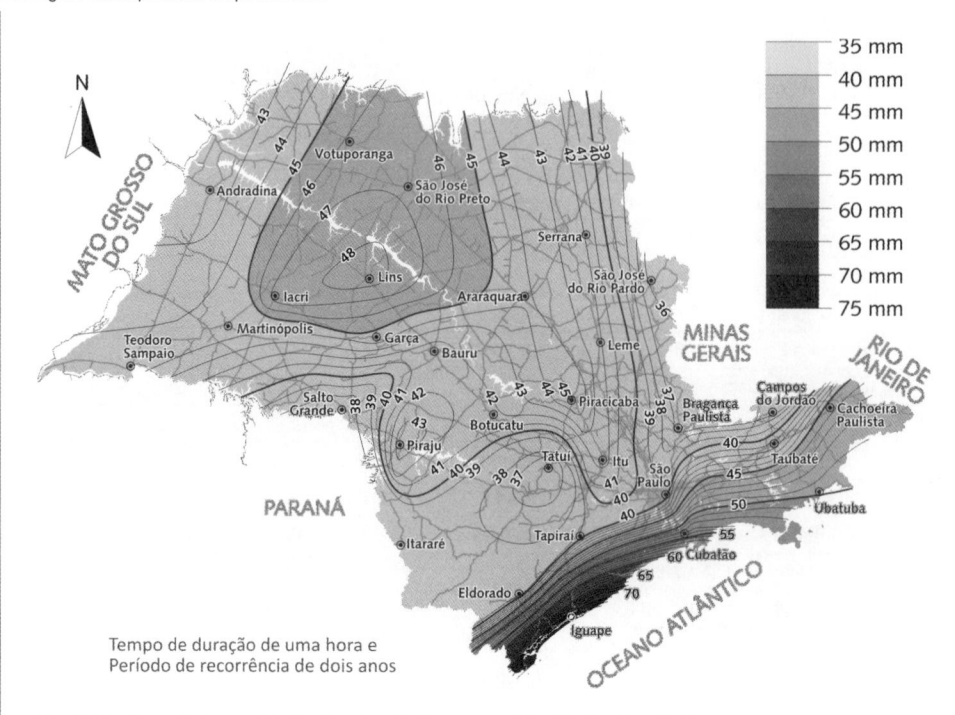

Fig. 3.7 *Isoietas de intensidade pluviométrica para o Estado de São Paulo*

conservadores, os volumes determinados pelo método de infiltração pelas extensões de trincas se aproximam daqueles remanescentes do escoamento superficial.

A relação entre os valores de infiltração estimados pelos diversos critérios poderá variar de três a seis vezes, aproximadamente, dependendo do tipo de via e pavimento a ser analisado.

Em vista dessas grandes diferenças nos procedimentos analisados, alguns órgãos preferem adotar o critério do tempo de drenagem para dimensionar hidraulicamente os drenos de pavimento, ou seja, estimar o tempo necessário para que o excesso de umidade seja eliminado da estrutura, objetivando não prejudicar seu desempenho.

O critério de Cedergren dá mais ênfase à intensidade da chuva que à duração do evento, resultando em valores relativamente superestimados de infiltração, ao passo que o método proposto por Moulton considera uma taxa fixa de infiltração independentemente da intensidade, admitindo ser a duração da precipitação mais crítica para o desempenho do pavimento, devido à extensão do período em que a água livre fica retida no interior de sua estrutura.

Camadas drenantes e separadoras   4

4.1 Camadas drenantes

Além da contribuição ao suporte da estrutura de pavimento, o objetivo principal da camada drenante é proporcionar a remoção rápida de água livre que eventualmente exista no interior da estrutura. Sua espessura deve variar de acordo com as condições pluviométricas locais e ser fixada em função da necessidade hidráulica de drenagem da rodovia.

As camadas drenantes devem, preferencialmente, localizar-se entre o revestimento e a base e estender-se até os drenos rasos longitudinais ou as bordas livres. As Figs. 4.1 e 4.2 mostram as posições em que são colocadas as camadas drenantes em relação aos demais elementos do pavimento, e a segunda opção é utilizada nos casos em que é possível a conexão com os drenos profundos, caso existam.

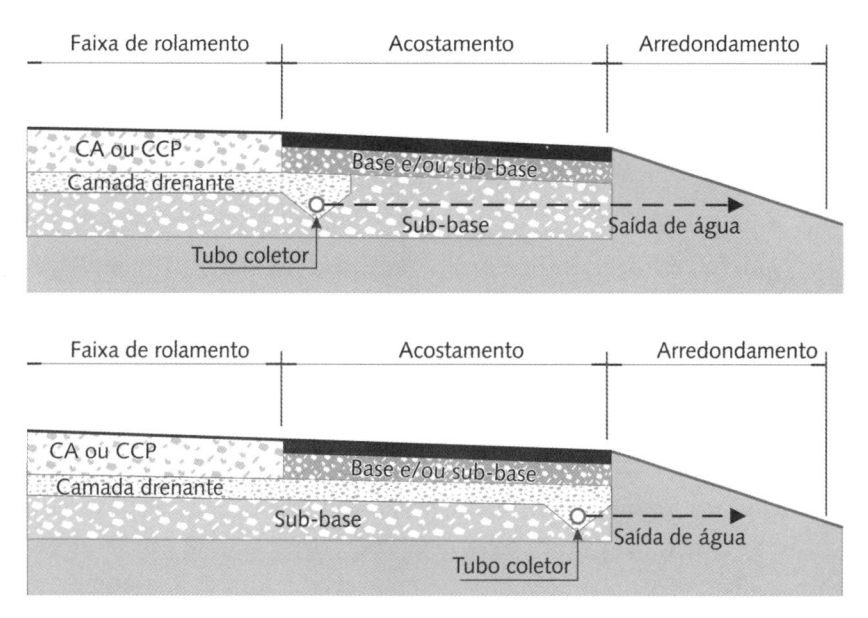

Fig. 4.1 *Posicionamento da camada drenante – dreno raso*

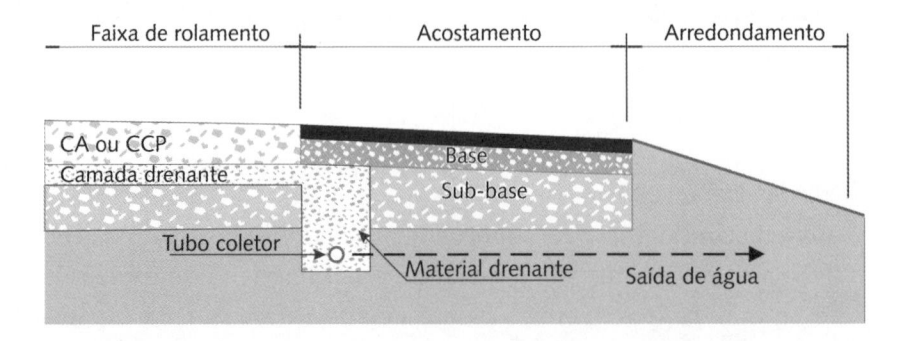

Fig. 4.2 *Posicionamento da camada drenante – dreno profundo*

Estudos desenvolvidos nos Estados Unidos têm demonstrado que a introdução apropriada de camadas drenantes na estrutura do pavimento tem minimizado os problemas de rupturas precoces relacionados às más condições de drenagem da plataforma por causa da infiltração de águas de chuva através da superfície trincada ou dotada de juntas de construção.

As condições apropriadas para a construção referem-se ao posicionamento na seção tipo e às verificações das compatibilidades estrutural e hidráulica da camada permeável, que devem atender aos seguintes princípios básicos:

- A camada deve ser suficientemente aberta para permitir o escoamento da água e garantir fluxo relativamente lento para prevenir erosão interna, principalmente nos aterros.
- A camada deve ser estável para suportar as cargas do tráfego, sem apresentar deformações permanentes nas trilhas de roda.

A colocação da camada drenante logo abaixo do revestimento asfáltico ou da placa de CCP é preferível. No entanto, essa técnica pode apresentar desvantagens pela deficiência de finos na camada, o que poderá causar problemas de estabilidade. Caso a camada drenante seja colocada sobre o subleito, as permeabilidades da base e sub-base devem ser maiores que o índice de infiltração, para que a água possa alcançar a camada drenante.

A camada drenante de graduação aberta raramente poderá ter espessuras elevadas por questões de estabilidade. Assim sendo, é comum a utilização de sub-base de graduação densa subjacente, exigindo outra camada separadora de filtro, para prevenir a migração de finos do subleito para os vazios da brita de graduação aberta ou para proporcionar aumento de suporte estrutural.

Caso se queira eliminar a camada separadora, é recomendável que seja empregada manta geotêxtil em sua substituição, para desenvolver as mesmas funções de separação e de bloqueio.

Por causa do custo e das dificuldades construtivas da camada drenante aberta, é prevista, em alguns projetos, a colocação de camadas granulares de graduação densa com diâmetro efetivo elevado para desempenhar as funções simultâneas de drenagem e de estabilidade.

Entretanto, essa alternativa cria uma falsa sensação de segurança, porque a base de graduação densa, além de não drenar a contento, poderá apresentar perda de suporte ao longo do tempo por conta da saturação da camada.

Em termos de projeto, é necessário verificar se os fluxos provenientes da infiltração são inferiores à capacidade de escoamento da camada permeável, conhecidas as características geométricas da pista e a transmissividade hidráulica do material drenante.

A metodologia proposta por Cedergren é fundamentada na fórmula de Darcy e descreve como o fluxo que percola pela estrutura do pavimento deve escoar através da camada drenante, considerando seção com 1 m de largura e gradiente hidráulico correspondente à linha de maior declive percorrida por uma partícula de água.

O tempo para que a água infiltrada seja drenada do pavimento deverá ser o menor possível depois de cessada a precipitação. Essa condição deverá ser verificada por meio da relação entre a máxima distância percorrida pela partícula de água e a velocidade de escoamento ou por meio de equações para estimativa de tempo, propostas por Casagrande e Shannon (1952) e por Barber e Sawyer (1952), para que ocorra uma determinada porcentagem de drenagem da água acumulada na camada, conforme visto no capítulo anterior.

4.1.1 Recomendações de projeto

Normalmente, são empregados dois métodos para o dimensionamento das camadas drenantes do sistema de drenagem subsuperficial:

- Regime de fluxo contínuo – vazões iguais de entrada e de saída.
- Tempo necessário para que ocorra certa retirada ou porcentagem de drenagem.

Método de regime de fluxo contínuo

O principal objetivo desse método, também denominado critério de profundidade de fluxo, é determinar a espessura da camada de base drenante que permite acomodar o fluxo contínuo de entrada de água devido à infiltração de projeto, evitando a saturação por período de tempo prolongado.

Esse procedimento consiste em estimar inicialmente a infiltração de projeto e calcular a espessura da camada em função do gradiente hidráulico da lâmina d'água e das características hidrogeológicas do material selecionado para a estrutura.

A infiltração de projeto dependerá da precipitação pluviométrica adotada e da parcela que realmente penetra o pavimento através das extensões de trincas e juntas na superfície.

As principais críticas a esse critério estão relacionadas às extensões de trincas que se vão alterando em função da idade, ao grau de deterioração do revestimento e às condições de selagem das juntas, que variam dependendo do tipo e do desempenho de selante utilizado e das ações efetivas de manutenção do pavimento.

O dimensionamento de acordo com o critério de continuidade do fluxo, desenvolvido por Moulton com base na fórmula de Darcy, tem como objetivo determinar a espessura necessária de base drenante para que ocorra fluxo livre e contínuo da água que se infiltra pela superfície. Consideram-se a permeabilidade, a declividade, o volume que se infiltra pela superfície do pavimento e a extensão do caminho a percorrer dentro da camada.

As equações para determinação da espessura da camada são apresentadas a seguir em três diferentes casos:

- Caso 1: $\left(S^2 - \dfrac{4q_i}{k} \right) < 0$

$$H_1 = \sqrt{\frac{q_i}{k}} \cdot L_R \left[\left(\frac{S}{\sqrt{\frac{4 \cdot q_i}{k} - S^2}} \right) \times \left(\tan^{-1} \frac{S}{\sqrt{\frac{4 \cdot q_i}{k} - S^2}} - \frac{\pi}{2} \right) \right] \quad (4.1)$$

- Caso 2: $\left(S^2 - \dfrac{4q_i}{k} \right) > 0$

$$H_1 = \sqrt{\frac{q_i}{k}} \cdot L_R \cdot \left[\frac{S - \sqrt{S^2 - \dfrac{4 \cdot q_1}{k}}}{S + \sqrt{S^2 - \dfrac{4 \cdot q_1}{k}}} \right]^{\dfrac{S}{2 \times \sqrt{S^2 - \dfrac{4 \cdot q_1}{k}}}} \quad (4.2)$$

- Caso 3: $\left(S^2 - \dfrac{4q_i}{k} \right) = 0$

$$H_1 = \sqrt{\frac{q_i}{k}} \cdot L_R^{-1} \quad (4.3)$$

onde:
H_1 = Altura da lâmina de água
q_1 = Infiltração no pavimento
k = Coeficiente de permeabilidade da camada drenante
L_R = Comprimento resultante
S = Área da seção de escoamento

Moulton também desenvolveu o ábaco apresentado na Fig. 4.3, que consiste na solução gráfica das Eqs. 4.1, 4.2 e 4.3.

A capacidade de escoamento da camada drenante pode ser calculada, alternativamente, pela fórmula abaixo proposta por Barber e Sawyer (1952):

$$q = k \cdot H \cdot \left(S_R + \frac{H}{2 \cdot L_R} \right) \quad (4.4)$$

onde:
q = Volume de infiltração de projeto (ou capacidade de escoamento da camada drenante)
k = Coeficiente de permeabilidade

H = Espessura da camada drenante
S_R = Declividade longitudinal da camada
L_R = Comprimento da linha de maior declive

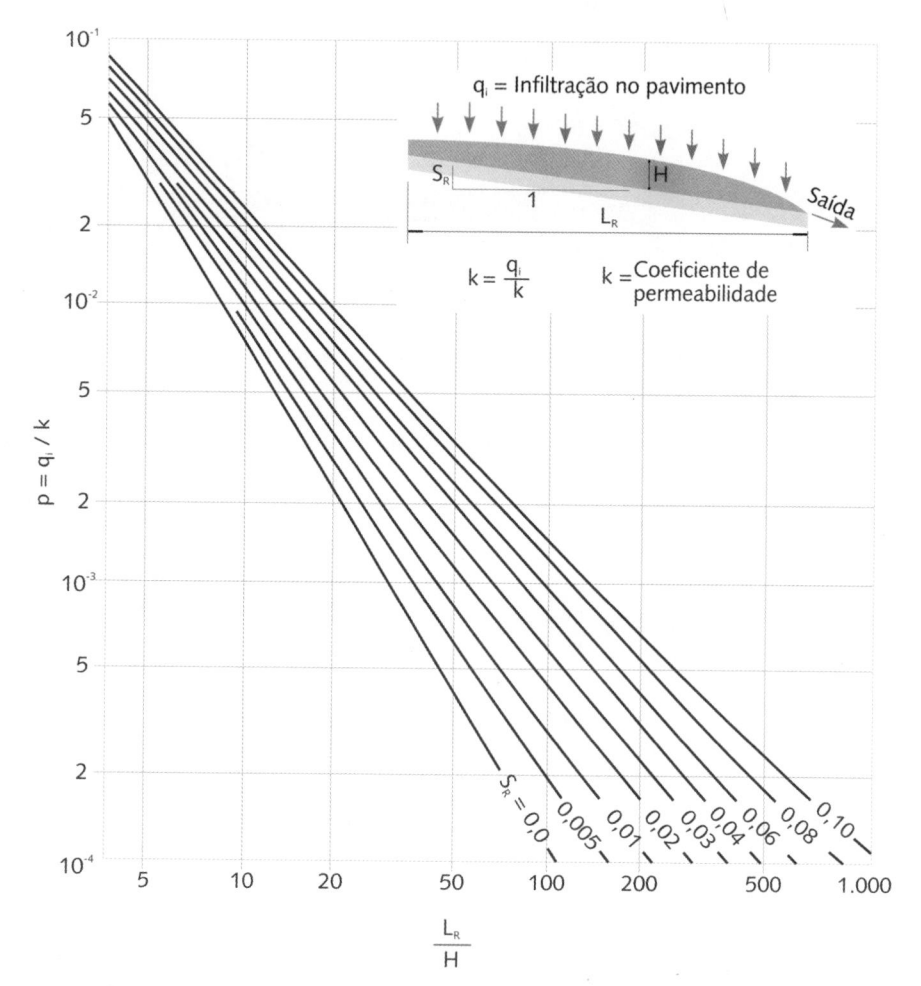

Fig. 4.3 *Estimativa da espessura da camada em condição de fluxo contínuo*

A equação pode ser desmembrada em duas parcelas. A primeira representa a descarga através da área H causada por um gradiente hidráulico S_R, e a segunda corresponde àquela de área H/2 causada por um gradiente hidráulico H/L_R.

Para declividade igual a zero, a equação corresponde à aplicação direta da fórmula de Darcy, assumindo que o nível da superfície freática atinge o topo da camada drenante numa das extremidades e o fundo da camada na outra, percolando por uma seção de área H/2.

Essa situação corresponde exatamente ao critério alternativo proposto por Cedergren. Assim, para a determinação da permeabilidade mínima da camada drenante deve ser verificada a fórmula de Darcy, de forma que os fluxos provenientes da infiltração sejam inferiores ao fluxo máximo admissível através da seção transversal. O escoamento deve ocorrer por uma seção retangular perpendicular à direção do fluxo, com largura de base de 1 m e altura igual à espessura efetiva da camada, considerando-se a espessura total menos 2,5 cm, prevendo-se, assim, alguma contaminação nas superfícies inferior ou superior da camada.

Conhecidas a infiltração de projeto e as características da pista, pode-se calcular a permeabilidade necessária com base na Eq. 4.5, recomendada por Cedergren:

$$k = \frac{q_i \cdot L_R}{H \cdot S_R} = \frac{q_i \cdot W}{H \cdot S_x} \qquad (4.5)$$

onde:
k = Coeficiente de permeabilidade, m/dia
q_i = Volume de infiltração de projeto, m³/dia/m²
S_R = Gradiente hidráulico na trajetória do fluxo, m/m
L_R = Comprimento resultante da trajetória do fluxo, m
W = Largura de contribuição, m
S_x = Declividade transversal da pista, m/m
H = Espessura da camada drenante, m

A expressão permite a determinação da permeabilidade necessária da camada drenante (k) para diferentes combinações de largura, declividade transversal da pista e espessura efetiva da camada. De forma similar, é possível calcular a espessura efetiva da camada drenante com a Eq. 4.6.

$$H = \frac{q_i \cdot L_R}{k \cdot S_R} = \frac{q_i \cdot W}{k \cdot S_x} \qquad (4.6)$$

Exemplo 4.1 *Cálculo da espessura da camada, H – Critério de Moulton*

Dados:
Coeficiente de permeabilidade k = 1.000 m/dia
Infiltração de projeto q_i = 0,55 m³/dia/m²
Declividade resultante S_R = 0,0283 m/m
Comprimento resultante L_R = 10,345 m

Solução:

$$p = \frac{q_n}{k_d} = \frac{0,55}{1.000} = 5,5 \cdot 10^{-4}$$

$$\left. \begin{array}{l} p = 5,5 \cdot 10^{-4} \\ S_R = 0,0283 \end{array} \right\} \xrightarrow{\text{Fig. 4.3}} \frac{L_R}{H} = 79$$

$$H = \frac{10,345}{79} = 0,131 \text{ m}$$

Exemplo 4.2 *Cálculo da espessura da camada, H – Critério de Cedergren*

Dados:
Coeficiente de permeabilidade k = 1.000 m/dia
Infiltração de projeto q_i = 0,55 m³/dia/m²
Declividade resultante S_R = 0,0283 m/m
Comprimento resultante L_R = 10,345 m
Declividade transversal S_x = 0,02 m/m
Largura de contribuição W = 7,315 m

Solução:

$$H = \frac{q_i \cdot L_R}{k \cdot S_R} = \frac{0,55 \cdot 10,345}{1.000 \cdot 0,0283} = 0,201 \text{ m}$$

ou

$$H = \frac{q_i \cdot W}{k \cdot S_x} = \frac{0{,}55 \cdot 7{,}315}{1.000 \cdot 0{,}02} = 0{,}201 \text{ m}$$

Conforme se observa, os resultados encontrados são bastante diferentes pelos critérios de Moulton e de Cedergren, apesar de os dados de entrada serem os mesmos nos dois exemplos.

Seja qual for o critério adotado, a espessura da camada drenante será relativamente elevada caso não se admita que o material fique saturado por algum tempo. Assim sendo, por questões econômicas e de estabilidade, a FHWA recomenda a utilização do método de tempo de drenagem, admitindo-se uma espessura da camada drenante da ordem de 10 cm e limitação do período de tempo da saturação a apenas algumas poucas horas.

Trata-se do mesmo conceito de dimensionamento hidráulico de bueiros com afogamento e controle de entrada, em vez de dimensionados como conduto livre.

Método de tempo de drenagem

O segundo método para o cálculo de espessuras da camada drenante é aquele recomendado pela FHWA e AASHTO, que determina o tempo necessário para que ocorram 50% de drenagem da camada saturada.

No método do tempo de drenagem, assume-se que a água de chuva se infiltra pela superfície do pavimento e satura completamente a camada de base. A partir desse instante, não seria possível a entrada de mais água na estrutura e, assim, a água passaria a escoar pela superfície do revestimento.

Uma vez cessada a chuva, o objetivo é retirar a água remanescente o mais rápido possível pela camada drenante, antes que possa provocar danos em toda a estrutura ao ser solicitada pelo tráfego.

O tempo considerado adequado para o sistema de drenagem remover a água da estrutura depende das condições climáticas prevalecentes e da possibilidade de a umidade excessiva provocar danos ao pavimento ao ser submetido a um volume de tráfego intenso e com cargas elevadas. Nas áreas sujeitas a inundação e com presença de solos expansivos, a água deve ser removida num período de uma a duas horas, para minimizar problemas relacionados ao excesso de umidade.

O tempo requerido para que a camada permeável drene a água é um indicador da habilidade da base para resistir aos efeitos deletérios da umidade excessiva no desempenho do pavimento, e é o melhor parâmetro para se determinar a eficiência hidráulica da camada drenante.

O tempo de drenagem pode ser calculado por meio de conjuntos de equações propostas por Casagrande e Shannon (1952) e por Barber e Sawyer (1952), mostradas no Cap. 3. Tais equações dependem das características da seção transversal do pavimento e das declividades transversais e longitudinais da plataforma viária. Nos dois casos, as equações diferem em virtude da porcentagem ou grau de drenagem – U.

O grau de drenagem é o parâmetro que reflete a capacidade hidráulica nesse procedimento, sendo a relação entre o volume de água drenado desde o momento que a chuva para e o volume total armazenado pela camada drenante.

Esse método é baseado nas seguintes condições:
- A água se infiltra no pavimento até que a camada permeável se torne saturada.
- O excesso de precipitação não entra mais no pavimento após sua saturação.

Assim, estima-se que, após o término da precipitação, a água da camada permeável será drenada, alcançando os drenos de bordo ou saindo lateralmente pela camada drenante estendida até o talude.

O princípio de dimensionamento é prever a colocação de material com permeabilidade e espessura suficientes que permitam a drenagem, o mais rápido possível, da água livre infiltrada, para proteger a estrutura contra danos a ser causados pela ação das cargas de tráfego quando a camada está totalmente saturada.

O tempo de drenagem, contudo, é pouco sensível à espessura da camada. Dessa forma, o problema de saturação fica restrito à escolha de material que apresente melhores características de permeabilidade.

4 | Camadas drenantes e separadoras

Qualidade da drenagem

A AASHTO (1993) utiliza dois padrões de qualidade de drenagem, sendo um relacionado ao tempo de drenagem e o outro à porcentagem de saturação.

As Tabs. 4.1 e 4.2 apresentam, respectivamente, recomendações para classificar a qualidade da drenagem em função do tempo de diminuição da umidade para os casos de tempo de drenagem de 50% e porcentagem final de saturação do solo de 85%.

♦ Tempo de drenagem

O guia de dimensionamento estrutural de pavimentos da AASHTO (1993), no volume 2 – apêndice DD, apresenta os critérios relativos ao tempo de drenagem de 50% da água acumulada em materiais saturados empregados na base.

Esse critério não considera o tempo de escoamento para retirada de água, que é função da característica de porosidade do material, conforme proposto por Cedergren.

A Tab. 4.1 apresenta a relação entre a qualidade de drenagem e o tempo necessário para que a camada seja drenada em 50% do volume de saturação.

Tab. 4.1 Qualidade de drenagem em função do tempo de drenagem de 50%

Qualidade de drenagem	Tempo de drenagem
Excelente	2 horas
Boa	1 dia
Regular	7 dias
Pobre	1 mês
Muito pobre	Sem drenagem

♦ Porcentagem de saturação

O outro critério relaciona a qualidade de drenagem à porcentagem de saturação igual ou superior a 85%. Alguns especialistas consideram que esse critério tem maior correlação com os danos no pavimento pela presença de umidade excessiva.

Tal critério considera tanto a água que pode ser drenada como a retida por causa das características da porosidade efetiva do material.

A Tab. 4.2 mostra a relação da qualidade com o tempo de drenagem para um nível de saturação entre 85% e 100%.

Tab. 4.2 Qualidade de drenagem em função do tempo de drenagem para saturação de 85%

Qualidade de drenagem	Tempo de drenagem (horas)
Excelente	< 2
Boa	2 a 5
Regular	5 a 10
Pobre	> 10
Muito pobre	>> 10

Os dois critérios apresentam resultados semelhantes quando a porcentagem de perda de água é de 100% ou quando a porosidade máxima é igual à efetiva do material.

Lembremos que o objetivo da drenagem é retirar toda a água do pavimento o mais rápido possível, embora em diversas publicações existam recomendações de que a drenagem de 50% da água livre deva ocorrer em período inferior a duas horas para rodovias interestaduais e vias expressas que apresentam elevado volume de tráfego pesado.

Ressaltemos que o tempo t_{85} para que ocorram 85% de drenagem do material não tem o mesmo significado que o tempo necessário para que o mesmo fique, ao final, com 85% de grau de saturação.

Cálculo do tempo de drenagem

Apresenta-se, a seguir, exemplo numérico de cálculo de tempo de drenagem, considerando-se uma espessura prefixada para a camada permeável e a metodologia exposta no Cap. 3.

Exemplo 4.3 *Tempo de drenagem*

Dados:
Declividade resultante, $S_R = 0{,}0283$ m/m
Comprimento resultante, $L_R = 10{,}345$ m
Espessura da base permeável, $H = 0{,}100$ m

4 | Camadas drenantes e separadoras

Coeficiente de permeabilidade, k = 1.000 m/dia
Porosidade efetiva, N_e = 0,25
Porcentagem de drenagem, U = 50% e 85%
Pede-se:
Tempo de drenagem, t_{50} e t_{85}

Solução:
- Cálculo do fator m

$$m = \frac{N_e \cdot L_R^2}{k \cdot H} = \frac{0,25 \cdot 10,345^2}{1000 \cdot 0,100} = 0,268 \text{ dia}$$

- Cálculo do fator de declividade, S_1

$$S_1 = \frac{L_R \cdot S_R}{H} = \frac{10,345 \cdot 0,0283}{0,100} = 2,93$$

- Cálculo do fator tempo T (Fig. 4.4)

$$\left. \begin{array}{l} S_1 = 2,93 \\ U = 0,5 \end{array} \right\} \rightarrow T_{50} = 0,12 \qquad \left. \begin{array}{l} S_1 = 2,93 \\ U = 0,85 \end{array} \right\} \rightarrow T_{85} = 0,35$$

- Cálculo do tempo de drenagem

$t_{50} = T \cdot m \cdot 24$ $\qquad$ $t_{85} = T \cdot m \cdot 24$
$t_{50} = 0,12 \cdot 0,268 \cdot 24$ $\qquad$ $t_{85} = 0,35 \cdot 0,268 \cdot 24$
$t_{50} = 0,77$ hora $\qquad$ $t_{85} = 2,25$ horas

De acordo com a Tab. 4.1, a qualidade de drenagem, nesse caso, seria excelente considerando o t_{50} encontrado.

Análise de sensibilidade dos parâmetros
Analisando as equações de dimensionamento mostradas nos subitens anteriores, verifica-se que:
- A espessura da camada drenante deve ser aumentada quando se aumentam a precipitação, o comprimento resultante e a porosidade efetiva do material.

- A espessura da camada drenante pode ser diminuída quando se aumentam a permeabilidade, a declividade resultante e o tempo de drenagem.
- O tempo de drenagem cresce quando, além da porcentagem de drenagem do material, aumentam-se também a porosidade efetiva, o comprimento resultante e a infiltração de projeto.
- O tempo de drenagem diminui quando se aumentam a permeabilidade, a espessura da camada e a declividade resultante, além da diminuição da porcentagem de saturação do material.

$$t_d = T \cdot m \cdot 24 = T \cdot \frac{Ne \cdot L_R^2}{k \cdot H}$$

No Quadro 4.1 são ilustradas as tendências comentadas em função da variação de cada parâmetro envolvido na análise.

Quadro 4.1 Análise de sensibilidade

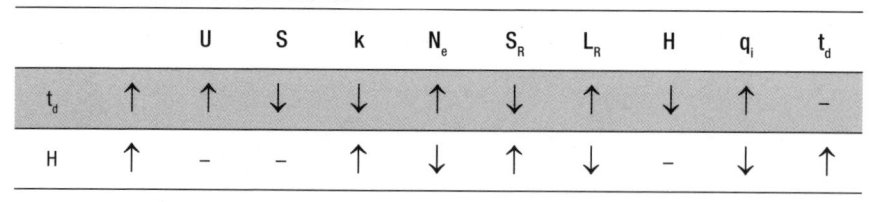

	U	S	k	N_e	S_R	L_R	H	q_i	t_d
t_d	↑	↑	↓	↓	↑	↓	↑	↓	↑	-
H	↑	-	-	↑	↓	↑	↓	-	↓	↑

Para o desenvolvimento de análises mais detalhadas, sugere-se a utilização do programa computacional DRIP – *Drainage Requirements in Pavements* – versão 2.0, oferecido pela FHWA.

O programa, além de estimar o tempo de drenagem da camada drenante em função das características geométricas, da magnitude de infiltração da água da chuva e das propriedades hidrogeotécnicas dos materiais, permite também dimensionar hidraulicamente os demais dispositivos do sistema de drenagem subsuperficial do pavimento.

4.1.2 Critérios para seleção de materiais

A eficiência hidráulica da camada drenante depende, fundamentalmente, da granulometria dos agregados constituintes.

São apresentadas na Tab. 4.3 algumas faixas granulométricas típicas de camadas drenantes empregadas por departamentos rodoviários americanos.

Para ser considerada camada drenante, o coeficiente de permeabilidade mínimo adotado para o material deve ser da ordem de 300 m/dia (0,35 cm/s). As graduações mostradas na Tab. 4.3 apresentam coeficientes de permeabilidade de materiais drenantes entre 300 e 1.500 m/dia (0,35 a 1,75 cm/s), na forma não estabilizada.

Tab. 4.3 Faixas granulométricas de bases permeáveis não estabilizadas

Tamanho da peneira	Iowa	Minnesota	Nova Jersey	Pensilvânia
2"	-	-	-	100
1 –1/2"	-	-	100	-
1"	100	100	95-100	-
3/4"	-	65-100	-	52-100
1/2"	-	-	60-80	-
3/8"	-	35-70	-	33-65
N° 4	-	20-45	40-55	8-40
N° 8	10-35	-	5-25	-
N° 10	-	8-25	-	-
N° 16	-	-	0-8	0-12
N° 40	-	2-10	-	-
N° 50	0-15	-	0-5	-
N° 200	0-6	0-3	-	0-5

As faixas granulométricas n° 57 e n° 67 especificadas pela AASHTO para camadas granulares e indicadas na Tab. 4.4 podem ser estabilizadas com ligantes do tipo asfalto ou com cimento, resultando em materiais também drenantes.

Tab. 4.4 Faixas granulométricas n° 57 e n° 67 da AASHTO

Faixa granulométrica	Peneira						
	1 1/2"	1"	3/4"	1/2"	3/8"	N° 4	N° 8
N° 57	100	95-100	-	25-60	-	0-10	0-5
N° 67	-	100	90-100	-	20-55	0-10	0-5

Os materiais utilizados nas bases drenantes deverão ser constituídos de agregados de rocha mãe, britados, com durabilidade adequada e de formato angular.

As faixas granulométricas recomendadas de graduação aberta utilizadas deverão apresentar um afastamento relativamente pequeno entre os tamanhos máximos e mínimos. Por exemplo: 1 ¼" a ¾", ⅜" a ⅛" etc., de modo a manter a permeabilidade elevada.

A experiência tem recomendado algumas curvas para agregados de graduação aberta, reproduzidas na Fig. 4.4. Nela, verifica-se que cinco granulometrias sugeridas situam-se entre os diâmetros de 1 ½" e 1", 1 ½" e n° 4, ¾" e ⅜" e peneiras n° 4 e n° 8.

A condutividade hidráulica dessas faixas é avaliada pelos respectivos coeficientes de permeabilidade, que variam de k = 42 cm/s para a faixa dos agregados de maior tamanho a k = 2,1 cm/s para a faixa dos de menores dimensões, valores amplamente satisfatórios.

A Fig. 4.4 mostra curvas granulométricas e valores de permeabilidades de alguns materiais típicos empregados como camadas drenantes e de filtro. O tamanho dos grãos é normalmente representado na escala logarítmica e a porcentagem passando na peneira é reproduzida na escala normal.

O tamanho dos grãos, em polegadas, corresponde ao número das peneiras e também serve para facilitar a identificação das diversas dimensões quando se trabalha na escolha dos filtros.

Propõe-se que as características dos agregados usados sejam controladas durante os trabalhos de construção, com amostras retiradas da própria camada drenante depois de executada a compactação. Sugere-se a realização de controle de granulometria e da condutividade hidráulica, uma vez que a compactação pode fazer variar o tamanho dos agregados, e, consequentemente, influir na alteração das citadas características.

Em certos casos, é recomendado, por motivos estruturais, misturar pequenas quantidades de asfalto, da ordem de 2%, em peso aos agregados. Observações e ensaios realizados mostraram que, nesse caso, se verifica apenas um pequeno decréscimo da condutividade hidráulica.

A presença de materiais finos nos agregados reduz sobremaneira sua condutividade hidráulica. Estudos realizados mostram que materiais com

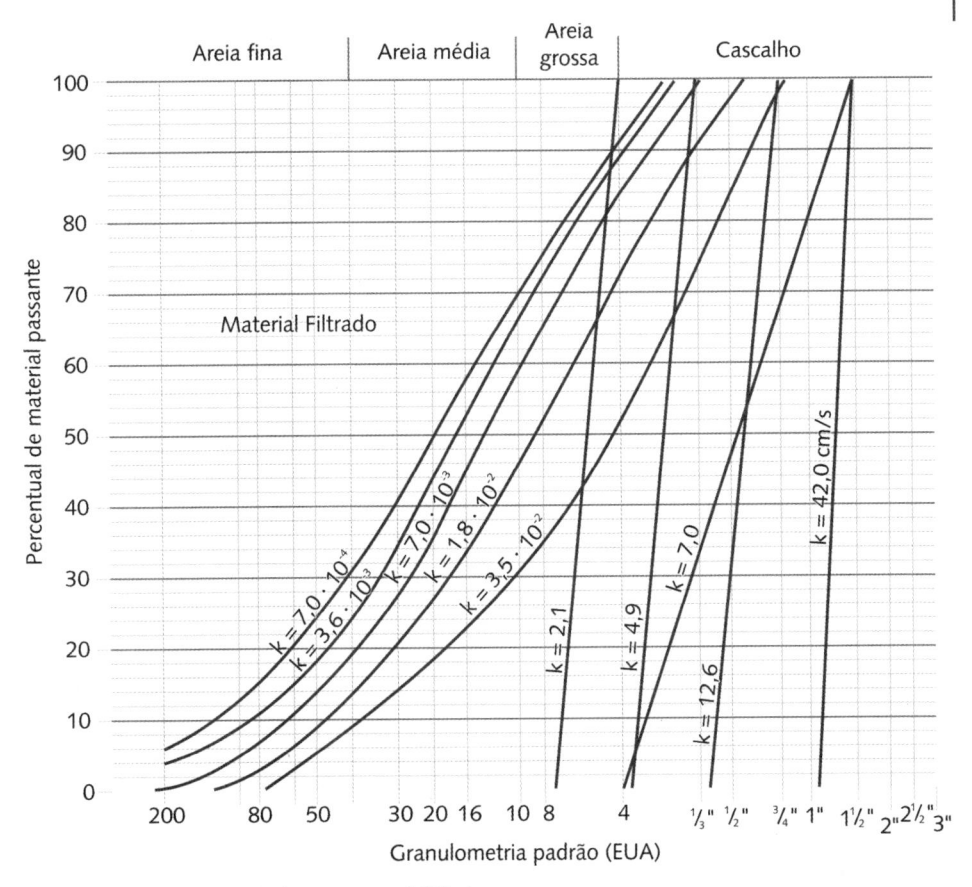

Fig. 4.4 *Curvas granulométricas e permeabilidades*

mais de 5% de finos passando na peneira 200 poderão ter sua condutividade hidráulica efetiva praticamente nula quando devidamente compactados.

Da mesma forma, agregados com porcentagens maiores que 20% passando na peneira n° 10 não apresentam propriedades drenantes adequadas.

Em resumo, materiais contendo porcentagens, ainda que reduzidas, de silte e argila poderão ter suas condutividades hidráulicas bastante reduzidas quando compactadas nos limites necessários às exigências estruturais.

É extremamente importante, na prática, encontrar um material com teor de finos que proporcione ao mesmo tempo uma estrutura com módulo resiliente suficiente para suportar os esforços originados pelo tráfego e com condutividade hidráulica suficiente para garantir a rápida saída de água do interior da camada drenante.

Tradicionalmente, para emprego em camadas de pavimento, tem-se dado preferência a agregados de graduação densa contínua, por apresentarem pequena porcentagem de vazios, boa estabilidade e, sobretudo, para evitar a segregação durante a fase construtiva.

Os agregados de graduação densa são os que contêm, de forma adequada, todas as frações granulométricas satisfazendo a Eq. 4.7, abaixo:

$$p = 100 \cdot \left(\frac{d}{D}\right)^n \qquad (4.7)$$

onde:
p = Porcentagem em peso, passando na peneira de abertura d
D = Tamanho máximo do agregado
n = Expoente variando de 0,4 a 0,6

Para valores de n abaixo de 0,4 há excesso de finos, e para valores acima de 0,6 há deficiência de finos.

Os agregados de graduação aberta são aqueles em que há deficiência de finos, principalmente material passando na peneira 200, o que confere à camada boa transmissividade hidráulica. Os agregados de graduação aberta, normalmente mais permeáveis, apresentam curva granulométrica cujo expoente n é superior a 0,6.

Objetivando encontrar uma graduação de boa estabilidade e também com boas características de drenagem, recomenda-se, então, utilizar uma granulometria densa, porém, limitando-se os teores de finos nas peneiras n°s 200, 40 e 10, de forma a manter um valor máximo igual a 0,6 para o expoente n da equação de distribuição granulométrica.

Os agregados de graduação uniforme são aqueles em que o tamanho máximo é muito próximo do tamanho mínimo, conferindo à mistura elevada permeabilidade.

Quando o tamanho mínimo está acima da peneira n° 4 são chamados de agregado tipo macadame (*one sized agregates*). Os agregados de graduação uniforme têm sua granulometria de tal forma que o valor de n seja maior que 0,4.

Outra forma de estimar a graduação dos agregados é por meio do coeficiente de curvatura (Cc), apresentado no Cap. 3. Os agregados de graduação densa devem apresentar valor de Cc variando entre 1 e 3.

No Brasil, os produtos de britagem têm sido comercializados sob a forma de britas classificadas em função dos tamanhos máximo e mínimo, de acordo com as faixas indicadas na Tab. 4.5.

Tab. 4.5 Faixas de britagem

Tipo de brita	Tamanhos extremos (mm)	
	A	B
Brita 5	–	76-100
Brita 4	–	50-76
Brita 3	10-50	25-50
Brita 2	9,5-38	19-25
Brita 1	4,8-19	9,5-19
Brita 0	2,4-9,5	4,8-9,5
Pó de pedra	< 2,4	–

Outro produto obtido de britagem direta das rochas em um único estágio é chamado de bica corrida, cuja granulometria do material é muito variável em função do tipo de rocha e do britador utilizado na pedreira comercial, cujas características de estabilidade e de permeabilidade são de difícil previsão.

4.1.3 Estimativa de coeficientes de permeabilidade

Para verificar a capacidade drenante e comparar teoricamente o desempenho hidráulico de diversos materiais granulares simples e estabilizados, foram estimados valores de coeficientes de permeabilidade, empregando-se a correlação estatística proposta por Moulton (1980), conforme mostrada no Cap. 3.

Além dos coeficientes de condutividade hidráulica, são mostrados nas Tabs. 4.5 a 4.7 os principais parâmetros físicos relacionados às curvas médias das diversas faixas granulométricas estudadas e normalmente empregadas por diversos órgãos rodoviários do país.

Com base nos valores encontrados, é possível constatar quanto determinados tipos de materiais apresentam valores relativamente baixos de transmissividade hidráulica, de acordo com o modelo adotado.

Tab. 4.6 Coeficientes de permeabilidade para materiais granulares – faixas drenantes AASHTO

Especificação	Faixa	P_{200} (%)	D_{10} (mm)	D_{30} (mm)	D_{60} (mm)	C_u	C_z	k (m/dia)	k (cm/s)
AASHTO	# 57	0,53	5,55	9,46	15,99	2,88	1,01	1057,52	1,22
	# 67	0,53	5,62	8,24	13,38	2,38	0,99	1005,25	1,16

Tab. 4.7 Coeficientes de permeabilidade para materiais granulares

Especificação	Faixa	P_{200} (%)	D_{10} (mm)	D_{30} (mm)	D_{60} (mm)	C_u	C_z	k (m/dia)	k (cm/s)
			BRITA GRADUADA SIMPLES – BGS						
DER/SP ET-DE-P00/008	A	2,50	0,65	5,87	19,42	30,10	2,75	17,40	$2{,}01 \cdot 10^{-2}$
	B	12,50	0,05	0,77	6,90	151,08	1,88	0,13	$1{,}54 \cdot 10^{-4}$
	C	10,00	0,08	1,01	7,24	96,59	1,89	0,32	$3{,}66 \cdot 10^{-4}$
	D	12,50	0,05	0,32	2,86	62,65	0,78	0,13	$1{,}54 \cdot 10^{-4}$
	E	4,00	0,32	2,79	10,86	34,35	2,28	4,58	$5{,}30 \cdot 10^{-3}$
DER/SP 3.06	A	5,50	0,20	3,18	15,10	74,96	3,31	1,95	$2{,}25 \cdot 10^{-3}$
	B	5,50	0,18	1,83	6,14	34,03	3,03	1,65	$1{,}91 \cdot 10^{-3}$
DERSA ET-P0/005	A	2,50	0,65	5,87	19,42	30,10	2,75	17,40	$2{,}01 \cdot 10^{-2}$
	B	10,00	0,08	1,41	10,69	142,54	2,49	0,32	$3{,}66 \cdot 10^{-4}$
	C	10,00	0,08	1,01	7,24	96,59	1,89	0,32	$3{,}66 \cdot 10^{-4}$
	D	12,50	0,05	0,32	2,86	62,65	0,78	0,13	$1{,}54 \cdot 10^{-4}$
DERSA ET-P00/039	A	2,50	0,65	5,87	19,42	30,10	2,75	17,40	$2{,}01 \cdot 10^{-2}$
	B	10,00	0,08	1,41	10,69	142,54	2,49	0,32	$3{,}66 \cdot 10^{-4}$
	C	10,00	0,08	1,01	7,24	96,59	1,89	0,32	$3{,}66 \cdot 10^{-4}$
	D	12,50	0,05	0,32	2,86	62,65	0,78	0,13	$1{,}54 \cdot 10^{-4}$
	D_m	12,50	0,05	0,77	6,90	151,08	1,88	0,13	$1{,}54 \cdot 10^{-4}$
	E	3,66	0,30	2,87	10,97	36,58	2,51	4,47	$5{,}17 \cdot 10^{-3}$

Tab. 4.7 Coeficientes de permeabilidade para materiais granulares (cont.)

Especificação	Faixa	P_{200} (%)	D_{10} (mm)	D_{30} (mm)	D_{60} (mm)	C_u	C_z	k (m/dia)	k (cm/s)
PMSP ES-P06	A	20,00	0,02	0,21	7,73	480,09	0,36	0,02	$2,43 \cdot 10^{-5}$
	B	6,00	0,17	1,89	10,49	61,22	1,98	1,45	$1,68 \cdot 10^{-3}$
ABNT NB-1347 EB-2105	A	5,50	0,20	3,18	15,10	74,96	3,31	1,95	$2,25 \cdot 10^{-3}$
	B	5,50	0,18	1,83	6,14	34,03	3,03	1,65	$1,91 \cdot 10^{-3}$
SOLO BRITA									
DER/SP ET-DE-P00/006	I	5,00	0,23	2,35	12,46	54,09	1,92	2,51	$2,91 \cdot 10^{-3}$
	II	12,50	0,05	0,07	7,25	158,60	3,10	0,13	$1,54 \cdot 10^{-4}$
	III	13,50	0,04	0,32	2,86	74,34	0,90	0,10	$1,15 \cdot 10^{-4}$
	IV	16,50	0,02	0,26	1,31	53,32	2,14	0,05	$5,21 \cdot 10^{-5}$
	V	17,50	0,02	0,17	0,82	38,14	1,67	0,04	$4,17 \cdot 10^{-5}$

Tab. 4.8 Coeficientes de permeabilidade para materiais estabilizados

Especificação	Faixa	P_{200} (%)	D_{10} (mm)	D_{30} (mm)	D_{60} (mm)	C_u	C_z	k (m/dia)	k (cm/s)
BRITA GRADUADA TRATADA COM CIMENTO – BGTC									
DER/SP ET-DE-P00/009	-	4,00	0,32	2,79	10,95	34,64	2,26	4,58	$5,30 \cdot 10^{-3}$
DERSA ET-P00/040	-	3,66	0,30	2,87	10,97	36,58	2,51	4,47	$5,17 \cdot 10^{-3}$
DERSA ET-P0/006	-	5,50	0,16	1,67	7,94	49,36	2,19	1,39	$1,61 \cdot 10^{-3}$
PMSP ES-P23	-	5,50	0,16	1,67	7,94	49,36	2,19	1,39	$1,61 \cdot 10^{-3}$
ABNT NB-1345 EB-2102	A	5,50	0,20	3,18	15,10	74,96	3,31	1,95	$2,25 \cdot 10^{-3}$
	B	5,50	0,18	1,83	6,14	34,03	3,03	1,65	$1,91 \cdot 10^{-3}$
PRÉ-MISTURADO A QUENTE – PMQ									
DNER/DNIT ES 386/99	I	4,50	0,63	4,75	12,35	19,70	9,33	4,97	$5,75 \cdot 10^{-3}$
	II	2,00	1,12	4,75	7,12	6,34	2,82	45,08	$5,22 \cdot 10^{-2}$
	III	4,50	0,63	3,19	6,32	10,08	2,56	11,75	$1,36 \cdot 10^{-2}$
	IV	4,50	0,50	5,27	7,65	15,36	7,30	8,35	$9,66 \cdot 10^{-3}$
	V	4,50	0,50	5,33	8,82	17,73	6,48	8,34	$9,66 \cdot 10^{-3}$

Tab. 4.8 Coeficientes de permeabilidade para materiais estabilizados (cont.)

Especificação	Faixa	P_{200} (%)	D_{10} (mm)	D_{30} (mm)	D_{60} (mm)	C_u	C_z	k (m/dia)	k (cm/s)
DER/SP ET-DE-P00/026	I	1,00	5,55	9,46	15,99	2,88	1,01	723,90	$8,38 \cdot 10^{-1}$
	II	1,00	3,09	6,61	12,49	4,04	1,13	304,66	$3,53 \cdot 10^{-1}$
	III	1,00	2,68	5,76	9,47	3,53	1,31	247,24	$2,86 \cdot 10^{-1}$
	IV	4,00	0,55	4,75	9,99	18,13	4,10	10,41	$1,20 \cdot 10^{-2}$
DERSA ET-P0/008	I	0,53	4,92	9,13	15,95	3,24	1,06	885,45	1,02
	II	1,06	4,77	14,87	23,37	4,90	1,98	558,50	$6,46 \cdot 10^{-1}$
DERSA ET-P00/017	A	2,00	3,64	7,89	17,02	4,68	1,01	256,06	$2,96 \cdot 10^{-1}$
	B	2,50	1,18	6,13	12,44	10,57	2,57	42,32	$4,90 \cdot 10^{-2}$
	C	2,50	0,65	5,15	10,11	15,65	4,06	17,42	$2,02 \cdot 10^{-2}$
	D	4,00	1,07	5,65	12,73	11,89	2,34	27,79	$3,22 \cdot 10^{-2}$
	E	4,00	0,55	4,75	10,43	18,93	18,93	10,41	$1,20 \cdot 10^{-2}$
	F	1,00	0,37	3,43	8,99	24,05	3,51	5,87	$6,79 \cdot 10^{-3}$
PRÉ-MISTURADO A FRIO – PMF									
DNER/DNIT ES 390/99 (com polímero)	A	2,50	1,18	6,13	12,44	10,57	2,57	42,32	$4,90 \cdot 10^{-2}$
	B	2,50	0,65	5,15	10,11	15,65	4,06	17,42	$2,02 \cdot 10^{-2}$
	C	4,00	0,55	4,75	10,43	18,93	3,92	10,41	$1,21 \cdot 10^{-2}$
	D	4,00	0,39	3,48	9,00	23,30	3,49	6,15	$7,12 \cdot 10^{-3}$
DNER/DNIT ES 105/80	A	2,00	3,64	7,89	17,02	4,68	1,01	256,14	$2,96 \cdot 10^{-1}$
	B	2,50	1,18	6,13	12,46	10,57	2,57	42,39	$4,91 \cdot 10^{-2}$
	C	2,50	0,65	5,15	10,11	15,65	4,06	17,42	$2,02 \cdot 10^{-2}$
	D	4,00	1,07	5,65	12,73	11,89	2,34	27,79	$3,22 \cdot 10^{-2}$
	E	4,00	0,55	4,75	10,43	18,93	3,92	10,41	$1,21 \cdot 10^{-2}$
	F	4,00	0,37	3,43	8,99	24,05	3,51	5,87	$6,79 \cdot 10^{-3}$
DNER/DNIT ES 317/97	A	2,50	1,18	6,13	12,44	10,57	2,57	42,32	$4,90 \cdot 10^{-2}$
	B	2,50	0,65	5,15	10,11	15,65	4,06	17,42	$2,02 \cdot 10^{-2}$
	C	4,00	0,55	4,75	10,43	18,93	3,92	10,41	$1,21 \cdot 10^{-2}$
	D	4,00	0,39	3,48	9,00	23,30	3,49	6,15	$7,12 \cdot 10^{-3}$

Tab. 4.8 Coeficientes de permeabilidade para materiais estabilizados (cont.)

Especificação	Faixa	P_{200} (%)	D_{10} (mm)	D_{30} (mm)	D_{60} (mm)	C_u	C_z	k (m/dia)	k (cm/s)
DER/SP ET-DE-P00/025	I	1,00	3,64	7,89	17,02	4,68	1,01	387,30	$4,48 \cdot 10^{-1}$
	II	1,00	1,26	6,13	12,45	9,88	2,40	80,83	$9,35 \cdot 10^{-2}$
	III	1,00	0,93	4,75	10,11	10,89	2,41	51,47	$5,96 \cdot 10^{-2}$
	IV	2,50	0,84	5,42	12,73	15,20	2,75	25,59	$2,96 \cdot 10^{-2}$
	V	2,50	0,84	4,25	10,84	12,94	1,99	25,59	$2,96 \cdot 10^{-2}$
	VI	2,50	0,65	3,79	9,00	13,93	2,47	17,42	$2,02 \cdot 10^{-2}$
	VII	4,00	0,24	1,62	6,57	27,34	1,66	3,05	$3,53 \cdot 10^{-3}$
DER/SP 3.10	A	2,50	1,18	2,68	16,89	14,35	2,48	42,32	$4,90 \cdot 10^{-2}$
	B	2,50	0,43	2,35	9,48	22,30	1,37	9,39	$1,09 \cdot 10^{-2}$
	C	3,00	0,16	0,91	4,75	28,85	1,06	2,07	$2,40 \cdot 10^{-3}$
DERSA ET-P0/009	-	0,53	5,55	9,46	15,99	2,88	1,01	1057,52	1,22
PMSP ES-P19	A	2,00	3,64	7,89	17,02	4,68	1,01	256,06	$2,96 \cdot 10^{-1}$
	B	2,50	1,18	6,13	12,44	10,57	2,57	42,32	$4,90 \cdot 10^{-2}$
	C	2,50	0,65	5,15	10,11	15,65	4,06	17,42	$2,02 \cdot 10^{-2}$
	D	4,00	1,07	5,65	12,73	11,89	2,34	27,79	$3,216 \cdot 10^{-2}$
	E	4,00	0,55	4,75	10,43	18,93	3,92	10,41	$1,20 \cdot 10^{-2}$
	F	4,00	0,37	3,43	8,99	24,05	3,51	5,87	$6,79 \cdot 10^{-3}$

4.2 Camadas separadoras

A camada separadora ou de bloqueio é aquela composta de material granular colocada entre a camada permeável e o subleito ou sub-base constituída de material fino, com a finalidade de evitar que os dois se misturem, visando melhorar o desempenho hidráulico do pavimento drenante.

Sua principal função é evitar que o material mais fino das camadas subjacentes migre para o interior da camada permeável, de granulometria mais aberta. Além disso, é importante também que o material da camada separadora não seja carreado para a camada drenante.

Várias combinações de materiais têm sido utilizadas para desempenhar a função de camada separadora, entre elas:

- Agregado densamente graduado.
- Mistura betuminosa densamente graduada.
- Material granular tratado com cimento Portland.
- Mantas geotêxteis.

A camada separadora deve ser projetada para evitar o carreamento dos finos para o interior da camada permeável quando a camada saturada é submetida à ação das cargas do tráfego pesado, dando origem ao fenômeno de bombeamento.

A migração do material mais fino, além de causar ruptura localizada do subleito pela diminuição de resistência, reduzirá a permeabilidade da base drenante, proporcionando afundamentos na trilha de roda e recalques localizados na superfície.

O processo de separação é frequentemente confundido com o de filtro; entretanto, o agregado deve permanecer em seu próprio lugar.

Outra função importante da camada separadora é prover uma fundação adequada para a base permeável, ou seja, sua espessura é condicionada à capacidade de suporte do subleito e às características de trafego da via.

A espessura mínima dessa camada é da ordem de 10 cm. Quando o CBR do subleito for inferior a 6% e o tráfego constituído de veículos pesados, é recomendável aumentar sua espessura ou estabilizar o material com ligantes hidráulico ou betuminoso.

Do ponto de vista de drenagem, a camada separadora tem função importante, pois é nela que o fluxo vertical da água infiltrada é desviado horizontalmente para os drenos de bordo. Essa camada se torna crítica, pois quase sempre estará saturada na interface com a superfície inferior do material drenante, e, consequentemente, sujeita a diminuição de resistência.

A camada de filtro pode ser substituída por uma manta geotêxtil. Os geotêxteis têm a função de reter o solo e permitir a passagem da água entre as camadas, e os critérios de filtro para os geotêxteis deverão contemplar sua resistência ao bombeamento, permeabilidade e entupimento.

Na Fig. 4.5 são apresentados exemplos de colocação de camada separadora ou manta geotêxtil entre o subleito e a camada drenante constituída essencialmente de brita, para evitar a mistura entre materiais, com intrusão de finos e, consequentemente, comprometimento da capacidade drenante dos dispositivos.

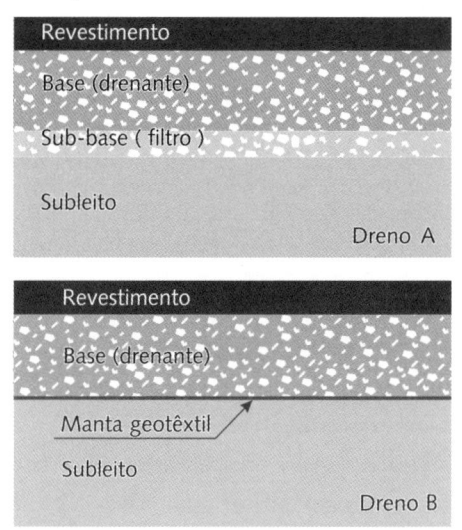

Fig. 4.5 *Exemplos de posicionamento de camada separadora*

4.2.1 Recomendações de projeto

Caso a camada drenante seja posicionada sobre outra camada densa, é recomendável a colocação de camada de separação para evitar o carreamento de finos para o interior do material drenante, o que provocaria a sua colmatação ao longo do tempo.

Dessa forma, qualquer agregado utilizado como camada separadora deve satisfazer os critérios de filtro quanto ao entupimento para evitar a colmatação da camada drenante pelos finos das demais camadas adjacentes.

Apresentam-se algumas diretrizes para escolha do tipo de camada separadora em função da natureza do projeto e das condições locais.

Características de projeto

Os materiais da camada separadora devem apresentar características granulométricas que satisfaçam as condições de separação e de uniformidade nas duas interfaces, ou seja, com a camada drenante permeável e com o subleito.

Para garantir que não ocorra o entupimento pela migração de solo fino do subleito para o interior da camada de bloqueio, e que parte desta não venha a se mover para a camada sobrejacente de base permeável, sugere-se a verificação das seguintes condições com as granulometrias dos materiais envolvidos:

Interface camada separadora/subleito
- Entupimento

$$d_{15\ CS} \leq 5 \cdot d_{85\ SL} \quad (4.8)$$

- Uniformidade

$$d_{50\ CS} \leq 25 \cdot d_{50\ SL} \quad (4.9)$$

onde:

$d_{15\ CS}$ = Dimensão do grão de camada separadora em que 15% do material é inferior a esse valor, mm

$d_{50\ CS}$ = Dimensão do grão da camada separadora em que 50% do material é inferior a esse valor, mm

$d_{85\ SL}$ = Dimensão do grão do subleito em que 85% do material é inferior a esse valor, mm

$d_{50\ SL}$ = Dimensão do grão do subleito em que 50% do material é inferior a esse valor, mm

Interface camada drenante/camada separadora
De maneira similar, tem-se:
- Entupimento

$$d_{15\ CD} \leq 5 \cdot d_{85\ CS} \quad (4.10)$$

- Uniformidade

$$d_{50\ CD} \leq 25 \cdot d_{50\ CS} \quad (4.11)$$

onde:

$d_{15\ CD}$ = Dimensão do grão de camada drenante em que 15% do material é inferior a esse valor, mm

$d_{50\,CD}$ = Dimensão do grão da camada drenante em que 50% do material é inferior a esse valor, mm

$d_{85\,CS}$ = Dimensão do grão da camada separadora em que 85% do material é inferior a esse valor, mm

$d_{50\,CS}$ = Dimensão do grão da camada separadora em que 50% do material é inferior a esse valor, mm

Para que o material da camada separadora seja densamente e bem-graduado, sem excesso de finos, é necessário atender ainda os seguintes requesitos:
- Porcentagem de finos passando na peneira de 0,075 mm inferior a 12%.
- Coeficiente de uniformidade (C_u) maior que 2, para minimizar problemas de segregação.

Exemplo 4.4 *Verificação de critérios de filtro*

Dados os parâmetros das curvas granulométricas dos materiais do subleito e da sub-base mostrados na Tab. 4.9, pede-se para verificar se os critérios de filtro preconizados no Quadro 4.2 para camada separadora são atendidos. Verificar se a areia disponível na região pode servir para o caso em questão.

Tab. 4.9 Características dos materiais disponíveis

DIÂMETRO (mm)	SOLO (SUBLEITO)	AREIA (CAMADA SEPARADORA)	SUB-BASE (CAMADA DRENANTE)
d_{10}	0,03	0,30	2,4
d_{15}	0,036	0,37	2,6
d_{50}	0,13	0,50	4,5
d_{60}	0,20	0,70	5,0
d_{85}	0,65	1,70	8,0
$5\,d_{85}$	3,25	8,50	–
$25\,d_{50}$	3,25	12,50	–
$C_u = \dfrac{d_{60}}{d_{10}}$	–	2,33	2,08

Quadro 4.2 Verificação dos critérios

Condição		sub-base / solo	areia / solo	sub-base / areia
Não entupimento	$d_{15F} \leq 5 \cdot d_{85S}$	ok	ok	ok
Não entupimento	$d_{50F} \leq 25 \cdot d_{50S}$	não	ok	ok
Uniformidade	$C_u > 2,0$	ok	ok	ok

Conforme se pôde verificar, não é recomendável o emprego direto da camada drenante sobre o subleito, uma vez que, caso um dos critérios de entupimento não seja atendido, poderá ocorrer problema de colmatação a longo prazo.

A areia disponível pode e deve ser utilizada como camada separadora entre o subleito e a base, uma vez que tanto os critérios de entupimento como os de uniformidade são plenamente atendidos, garantindo, assim, o desempenho hidráulico satisfatório do sistema de drenagem do pavimento.

Aspectos construtivos

A Tab. 4.10 mostra faixas granulométricas de agregados usualmente utilizados como camadas separadoras em rodovias de diversos estados americanos.

Tab. 4.10 Faixas granulométricas para camadas separadoras

Estado (EUA)	Porcentagem passando em cada peneira (mm)												d_{10}	C_u	C_z
	50,8	38,1	25,4	19,05	12,07	9,525	4,75	2,36	1,16	0,6	0,425	0,075			
Flórida	–	–	100	90-100	–	65-85	–	–	30-50	–	–	4-8	0,14	33,7	0,87
Havaí	100	–	–	–	–	–	20-60	–	–	–	–	0-15	0,17	58,9	2,95
Illinois	–	100	90-100	–	60-90	–	30-55	–	10-40	–	–	4-12	0,24	36,5	2,18
Kansas	100	95-100	–	70-95	–	–	40-65	30-55	–	–	–	8-20	0,04	209,5	4,88
Maryland	100	95-100	–	70-92	–	50-70	35-55	–	–	12-25	–	0-8	0,14	66,4	1,88
Minnesota	–	–	100	90-100	–	50-90	35-80	20-65	–	–	10-35	3-10	0,21	26,7	2,05
Nevada	–	–	100	90-100	–	–	35-65	–	15-40	–	–	2-10	0,26	24,8	1,90
Tennessee	–	100	85-100	60-95	–	50-80	40-65	–	20-40	–	–	–	0,10	95,7	1,38

4 | Camadas drenantes e separadoras

Os agregados devem ser lançados, preferencialmente, com distribuidora, evitando segregação, compactados com rolos vibratórios lisos e atingir densidade mínima de 95% da energia do ensaio de compactação, correspondente ao Proctor Modificado.

4.2.2 Critérios para seleção dos materiais

As propriedades dos agregados ou mantas geotêxteis utilizadas como camadas separadoras e seus respectivos efeitos no desempenho no pavimento são discutidos a seguir.

Características dos agregados da camada separadora

Os agregados usualmente empregados nessa camada devem ser densamente graduados e apresentar relativamente baixa permeabilidade. Além disso, também é necessário atender a outros requisitos, relacionados a seguir:

- Devem ser constituídos de pedras britadas, com grãos duráveis, limpos e de formato angular, para permitir bom travamento mecânico.
- O desgaste no ensaio de abrasão Los Angeles deve ser inferior a 50%.
- As perdas nos resultados de ensaios de durabilidade ao sulfato de sódio e de magnésio deverão ser inferiores a 12% e 18%, respectivamente.
- A mistura deve apresentar CBR maior ou igual a 50%, correspondente à energia do Proctor Modificado.

Características das mantas geotêxteis

Os geotêxteis são recomendados em locais específicos de dificuldade construtiva e de não disponibilidade de materiais granulares. Alguns casos típicos de restrição ao uso de camadas granulares são o interior de túneis, passagens inferiores e outros locais com limitações de gabarito vertical para tráfego de veículos.

A aplicação de geossintéticos em separação de materiais tem por objetivo evitar que o solo mais fino da fundação ou adjacente penetre o material granular sobrejacente, comprometendo seu desempenho hidráulico ao longo do tempo.

A função separação pode ser definida como a interposição de um geossintético entre materiais granulares distintos, de forma que a integridade e a funcionalidade de ambos sejam mantidas ou melhoradas.

Para que um geossintético exerça a função principal de elemento separador, deverá ser capaz de:

- Permitir a passagem livre da água (critério de permeabilidade).
- Reter os finos provenientes do solo de fundação (capacidade de retenção).
- Resistir aos esforços a que será submetido ao longo da vida útil da obra (capacidade de sobrevivência).

Critério de permeabilidade

A função de permeabilidade garante que o geotêxtil seja suficientemente aberto para permitir a livre passagem da água sem causar subpressões elevadas.

De acordo com o procedimento do Comitê Francês de Geotêxteis e Geomembranas – CFGG, o coeficiente de permeabilidade normal do geotêxtil é dado pela seguinte expressão:

$$k_n \geq A \cdot t_g \cdot k_s \qquad (4.12)$$

onde:
k_n = Coeficiente de permeabilidade normal do geotêxtil
A = Constante conforme Tab. 4.11
t_g = Espessura nominal do geotêxtil, m
k_s = Coeficiente de permeabilidade do solo base

Tab. 4.11 Valores da constante A

Situação de aplicação	Coeficiente A adimensional
Com baixos gradientes hidráulicos e solos limpos tipicamente arenosos	10^3
Com baixos gradientes hidráulicos e solos de baixa permeabilidade, silte argiloso	10^4
Com gradientes elevados em obras de grande responsabilidade	10^5

4 | Camadas drenantes e separadoras

Critério de retenção

O critério de retenção tem por objetivo garantir que o geotêxtil seja suficientemente fechado para reter as partículas maiores do solo, sem que haja erosão interna, e, consequentemente, perda de estabilidade de sua estrutura.

De acordo com o método do CFGG, o critério de retenção é verificado analisando-se a seguinte equação:

$$O \leq C \cdot d_{85} \quad (4.13)$$

onde:
O = Abertura de filtração do geotêxtil, mm
C = Produto dos fatores C_1, C_2, C_3 e C_4, indicados na Tab. 4.12
d_{85} = Diâmetro das partículas do solo em contato com o geotêxtil, correspondendo a 85% passando, mm

Tab. 4.12 Fatores C_1, C_2, C_3 e C_4

Fatores do coeficiente C (adimensional)	Valor	Situação de utilização
C_1 – granulométrico	1,00	Solos bem-graduados e contínuos
	0,80	Solos uniformes e contínuos
C_2 – adensamento	1,25	Solos densos e confinados
	0,80	Solos fofos e não confinados
C_3 – hidráulico	1,00	Gradiente menor que 5%
	0,80	Gradiente entre 5% e 20%
	0,60	Gradiente entre 21% e 40% ou fluxo reverso
C_4 – função	1,00	Apenas função de filtro
	0,30	Função de filtro e dreno

Para a escolha do geotêxtil mais adequado, os valores dos parâmetros calculados por meio dos critérios mencionados devem ser comparados com os correspondentes valores apresentados nos catálogos fornecidos pelos fabricantes dos produtos, que devem atender às prescrições de ensaios das normas francesas AFNOR NFG38014 ou norte-americanas da ASTM-4751.

Para o critério de retenção de finos, alternativamente pode ser utilizada a metodologia proposta por Christopher e Holtz, muito empregada pela FHWA nos Estados Unidos e indicada a seguir.

$$\text{AOS ou } O_{95} \text{ (geotextil)} \leq B \, d_{85} \text{ (solo)} \qquad (4.14)$$

onde:
AOS = Abertura aparente de filtração, mm
O_{95} = Tamanho da abertura do geotêxtil em que 95% dos valores são inferiores, mm
B = Coeficiente adimensional (varia de 0,5 a 2 e depende das características do solo a ser filtrado e do geotêxtil)
d_{85} = Diâmetro das partículas de solo em contato com o geotêxtil, correspondendo a 85% passando, mm

Para areias, areias com pedregulhos, areias siltosas ou argilosas ($d_{50} \geq 0,075$ mm), o coeficiente B é dado em função do Coeficiente de Uniformidade, conforme indicado na Tab. 4.13.

Tab. 4.13 Coeficientes para utilização de geotêxteis

Coeficiente C_u	Coeficiente B
$C_u \leq 2$ ou $C_u \geq 8$	1,0
$2 < C_u \leq 4$	$0,5 \cdot C_u$
$4 < C_u < 8$	$8/C_u$

onde:

$$C_u = \frac{d_{60}}{d_{10}} = \text{Coeficiente de uniformidade}$$

Se o solo a ser retido contiver finos, usa-se somente a parcela de solo menor que 4,75 mm para seleção do geotêxtil.

Para siltes e argilas, com mais de 50% das partículas menores que 0,075 mm ($d_{50} < 0,075$ mm), o coeficiente B é determinado em função do tipo de geotêxtil, conforme a Tab. 4.14.

Tab. 4.14 Coeficientes para utilização de geotêxteis em função do tipo de material

Tipo de geotêxtil	Coeficiente B	Condição
tecido	1	$O_{95} \leq d_{85}$
não tecido	1,8	$O_{95} \leq 1,8 \cdot d_{85}$
ambos	1/1,8	AOS ou $O_{95} \leq 0,3$ mm

Exemplo 4.5 *Especificação de manta geotêxtil com camada separadora*

Pede-se para especificar as características do geotêxtil não tecido a ser utilizado como camada de filtro apoiado sobre um silte argiloso pouco arenoso, uniforme, contínuo e denso que tenha ks = 6 · 10^{-6} cm/s e d_{85} = 0,075 mm.

♦ Critério de permeabilidade:

Admitindo geotêxtil com espessura nominal de 2 mm

kn = A · tg · ks

A = 10^4 – silte argiloso – conforme Tab. 4.11

kn = 10^4 · 2 · 10^{-3} · 6 · 10^{-6} cm/s

kn = 1,2 · 10^{-4} cm/s – permeabilidade normal (norma AFNOR)

♦ Critério de retenção:

C = $C_1 \cdot C_2 \cdot C_3 \cdot C_4$ – valores da Tab. 4.12

C = 0,8 · 1,25 · 1,0 · 1,0 = 1,0

O ≤ 1,0 · 0,075 mm

O ≤ 75 μm – abertura de filtração (norma AFNOR)

Critério de sobrevivência

Para garantir que o geotêxtil não se danifique durante o processo construtivo, é necessário que o material apresente resistências adequadas a estouros, à tração localizada, à perfuração dinâmica e ao impacto. Outros aspectos a ser considerados na escolha são: flexibilidade do material e resistência à agressividade do meio ambiente.

Mais detalhes sobre características físicas e mecânicas de mantas geotêxteis podem ser encontrados no *Manual brasileiro de geossintéticos* (Vertematti, 2004).

4.2.3 Análise de adequabilidade de camada separadora

Exemplo 4.6 *Análise de adequabilidade de camada separadora: verificação de critérios de seleção de materiais*

Dadas as curvas granulométricas e as dimensões específicas dos diâmetros dos materiais da base drenante e do subleito de uma estrutura do pavimento mostradas na Tab. 4.15, pede-se para verificar a adequabilidade do material indicado como camada separadora cujas características estão apresentadas na Tab. 4.16.

Tab. 4.15 Dimensões dos grãos de materiais do subleito e da base drenante

% inferior (em peso)	Tamanho da partícula (mm)	
	Base drenante	Subleito
d_{85}	18,0	0,70
d_{50}	6,0	0,13
d_{15}	2,2	0,038

Tab. 4.16 Faixa granulométrica do material proposto para camada separadora

Peneira (mm)	Porcentagem passando	
	FAIXA	MÉDIA
37,5	100	100,0
19,0	85-100	92,5
4,75	50-80	65,0
0,425	20-35	27,5
0,075	5-12	8,5

Solução:

a] Comparação das dimensões dos agregados na interface camada separadora/subleito

◆ Análise quanto à separação:

$$d_{15\,CS} \leq 5 \cdot d_{85\,SL}$$

$$d_{15\,CS} \leq 5 \cdot 0{,}70$$

$$d_{15\,CS} \leq 3{,}50 \text{ mm}$$

4 | Camadas drenantes e separadoras

- Análise quanto à uniformidade:

$$d_{50\,CS} \leq 25 \cdot d_{50\,SL}$$

$$d_{50\,CS} \leq 25 \cdot 0,13$$

$$d_{50\,CS} \leq 3,25 \text{ mm}$$

Esses pontos estão indicados na Fig. 4.6

b] Comparação das dimensões dos agregados na interface camada drenante/camada separadora
- Análise quanto à separação:

$$d_{85\,CS} \geq d_{15\,CD}/5$$

$$d_{85\,CS} \geq 2,2/5$$

$$d_{85\,CS} \geq 0,44 \text{ mm}$$

- Análise quanto à uniformidade:

$$d_{50\,CS} \geq d_{50\,CD}/25$$

$$d_{50\,CS} \geq 6,0/25$$

$$d_{50\,CS} \geq 0,24 \text{ mm}$$

Esses pontos estão indicados na Fig. 4.6.

c] A camada separadora deve apresentar porcentagem máxima de finos (passando na peneira 200) de 12%.

% 0,074 mm < 12%   →   8,5% < 12%   OK

d] O coeficiente de uniformidade C_u da camada separadora é de 45,92, superior a 40, conforme recomendação de projeto.

$$C_u = \frac{d_{60}}{d_{10}} = \frac{4,50}{0,098} = 45,92$$

Conclusão: a curva granulométrica do material proposto para a camada separadora atende às condições de filtro e de uniformidade, conforme se verifica na Fig. 4.6, podendo ser recomendada para utilização no projeto.

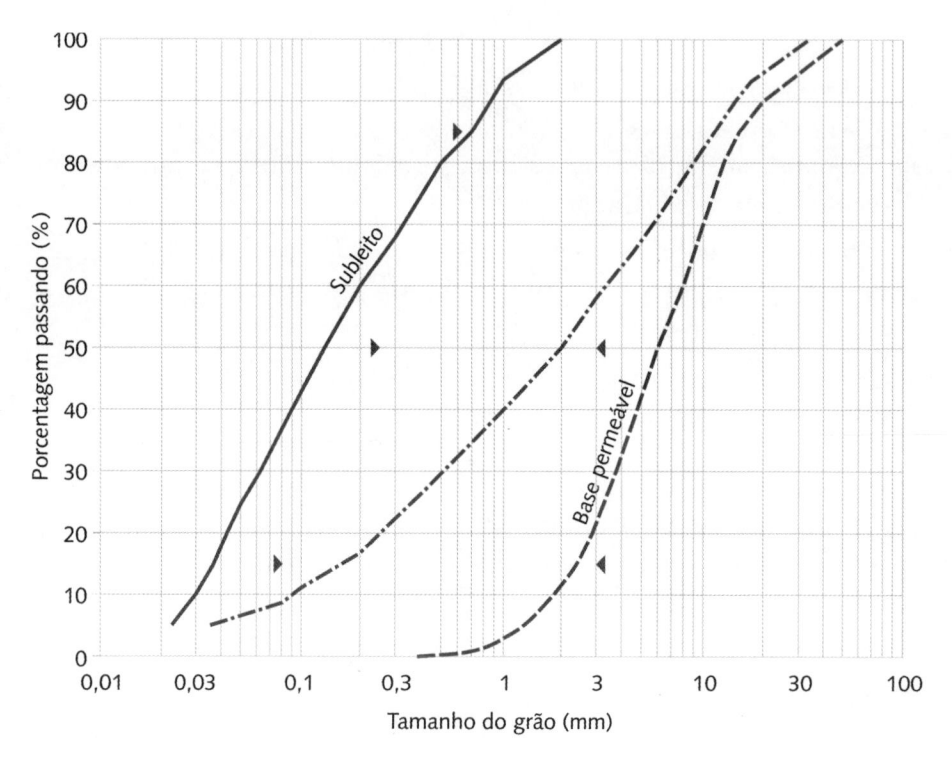

Fig. 4.6 *Curva granulométrica da camada separadora*

Drenos 5

5.1 Drenos rasos longitudinais

Os drenos rasos longitudinais instalados na borda do pavimento são dispositivos essenciais para uma eficiente drenagem subsuperficial da plataforma viária. O objetivo desses drenos é coletar e remover a água que infiltra na estrutura do pavimento conduzindo-a até os pontos apropriados de deságue.

A instalação desses drenos no país começou por volta de 1970, e as primeiras aplicações de maneira sistemática em pavimentos de estradas paulistas ocorreram na Rodovia dos Bandeirantes (SP-348), entre São Paulo-Campinas, e na Rodovia Ayrton Senna (SP-070), no trecho compreendido entre São Paulo e Guararema.

No passado, tais drenos foram empregados tanto com bases permeáveis ou não, e hoje é preferível que os drenos estejam conectados a bases drenantes de elevada transmissividade hidráulica.

A eficiência dos drenos rasos longitudinais depende fundamentalmente da forma ou situação em que eles são instalados. Independentemente da situação do pavimento, novo ou restauração, ele deve apresentar adequada conexão com as camadas permeáveis adjacentes, ter capacidade hidráulica suficiente para drenar todo volume de água que chega até ele e não sofrer entupimento por causa do carreamento de finos para o interior da tubulação ao longo do tempo.

A análise deve ser mais detalhada no caso de projetos de restauração e instalação posterior, pelas condicionantes adversas preexistentes de provável heterogeneidade e nível de saturação dos diversos materiais envolvidos, diferentes graus de deterioração e trincamento da estrutura, dificuldades construtivas, condições de confinamento e declividades transversais desfavoráveis das camadas.

Este capítulo trata de estudos de drenos rasos longitudinais interligados a bases de graduação aberta permeáveis e bases estabilizadas não erodíveis. O emprego de drenos de bordo junto com bases convencionais de granulometria densa não estabilizada não é recomendado, uma vez que a água livre não poderá se movimentar efetivamente até os drenos, ou porque ocorrerá perda de finos e consequente entupimento e colmatação dos drenos.

5.1.1 Considerações iniciais

Os drenos rasos longitudinais são aqueles destinados a conduzir as águas coletadas pela camada ou base permeável para um dreno transversal ou saída lateral, dotados ou não de tubo.

Os drenos rasos longitudinais situam-se abaixo da camada drenante ou base permeável, em posição que lhes permita captar toda água infiltrada nessas camadas.

O dimensionamento do dreno raso longitudinal tem o objetivo de determinar:
- a área da seção de vazão.
- o comprimento em cuja extremidade se torna necessária a existência de uma saída lateral.

Os drenos rasos longitudinais, conforme mostrado na Fig. 5.1, poderão ser constituídos de diferentes tipos de materiais: essencialmente granulares (cego), tubulares e com geocompostos drenantes.

Drenos cegos

Os drenos cegos constituídos essencialmente de material granular, tipo brita ou areia, apresentam capacidade hidráulica em função da seção transversal, da declividade longitudinal e do coeficiente de permeabilidade do material se-

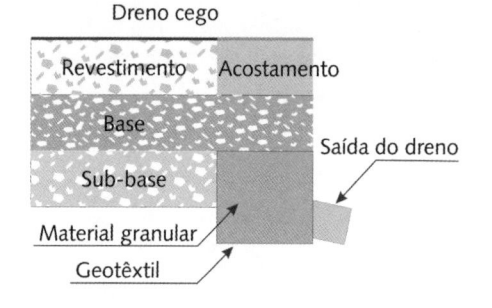

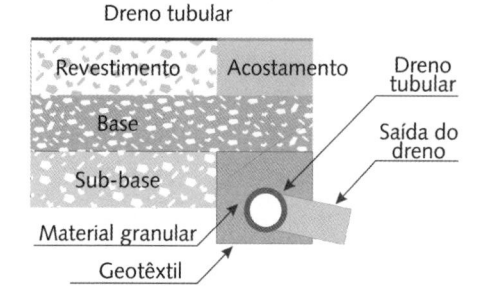

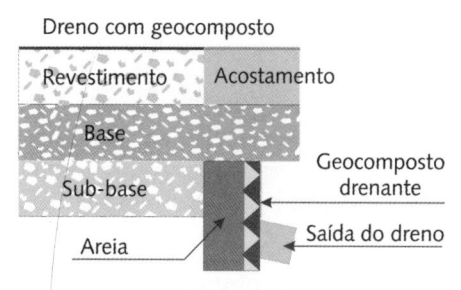

Fig. 5.1 *Drenos rasos longitudinais*

lecionado, empregando-se a fórmula de Darcy aplicada para escoamento em meios porosos.

Sua capacidade hidráulica é relativamente reduzida e, dependendo do volume a ser drenado, o espaçamento das saídas de água é bastante curto.

Drenos tubulares

Os drenos tubulares apresentam elevada capacidade hidráulica, dependendo do diâmetro da tubulação e da declividade longitudinal adotados. Os tubos podem ser lisos ou corrugados de PVC, perfurados com diâmetro variável entre 5 cm e 10 cm e dimensionados como conduto livre, utilizando-se a fórmula de Manning associada à equação da continuidade.

Dreno com geocomposto

Os drenos constituídos de geocompostos são relativamente recentes, e vários modelos já se encontram disponíveis no mercado. Tais drenos começaram a ser difundidos em projetos de restauração, por sua facilidade de instalação.

Podem-se também utilizar drenos fibroquímicos para drenagem longitudinal, que consistem em peças com canaletas verticais cobertas com mantas geotêxteis. A água entra através das mantas geotêxteis, desce pelas canaletas e atinge o tubo coletor na parte inferior, que a descarrega em uma saída lateral. Esse sistema pode ser instalado em trincheiras bastante estreitas e não requer aterros especiais, minimizando, assim, custos de escavação e de agregados de preenchimento.

Independentemente do tipo de dreno empregado, normalmente se utilizam mantas geotêxteis envolvendo a vala drenante com a finalidade de servir de filtro dos materiais mais finos e evitar a colmatação. A permeabilidade do geotêxtil deve ser quatro a dez vezes superior à do solo adjacente. Ressalta-se que a manta não controla nem os movimentos nem a erosão de finos nas camadas adjacentes, apenas evita a entrada de finos no dreno.

Todo material granular de enchimento dos drenos cegos ou tubulares, além de promover a drenagem, deve ser devidamente selecionado com agregados duráveis, limpos, e compactado de forma a evitar recalques após a execução das camadas sobrejacentes e atuação do tráfego.

Em substituição ao dreno constituído por brita, é possível utilizar um geocomposto com espessura da ordem de 1 cm, disponível no mercado nacional, mantendo a eficiência hidráulica e aumentando a produtividade construtiva do sistema de drenagem, considerando que esse tipo de solução é de fácil execução.

Cuidados construtivos devem ser tomados durante o fechamento das valas para evitar que restos de materiais da escavação contaminem e prejudiquem o funcionamento das valas, cujo principal objetivo é permitir a entrada e a coleta da água livre existente nas imediações do dreno.

O critério de projeto da drenagem de pavimentos para os casos de restauração é consideravelmente mais complexo que para a situação de vias novas. As camadas do pavimento já estão executadas e muito pouco pode ser feito para torná-las mais drenantes. A solução mais apropriada para melhorar as condições de drenagem é encurtar o caminho de percolação da água livre existente na estrutura.

As condições de saturação das diversas camadas devem ser analisadas para verificar se a causa de degradação do pavimento está relacionada com a umidade excessiva das camadas inferiores. Nesse caso, recapeamentos, reciclagens e remendos na estrutura existente não resolverão o problema se as deficiências de drenagem não forem solucionadas previamente.

Alguns trechos experimentais de reciclagem executados em rodovias paulistas apresentaram desempenho insatisfatório por causa da pouca atenção dada à drenagem subsuperficial, ocorrendo o confinamento da água por falta de saída livre lateral.

Dessa forma, ao se propor a execução de dreno raso longitudinal próximo à borda da pista a ser restaurada, é importante saber se a água livre a ser drenada é proveniente das camadas adjacentes ou da junta existente entre a pista e o acostamento.

O dreno raso longitudinal executado próximo à borda da pista será eficiente se a água livre estiver se infiltrando pela junta pista/acostamento. Entretanto, caso a água tenha origem pelas trincas ou juntas nas faixas centrais de rolamento, provavelmente a eficiência do dreno será duvidosa, principalmente se os materiais das camadas do pavimento existente apresentarem baixa permeabilidade hidráulica.

Em resumo, ao se prever drenos rasos longitudinais em estruturas existentes é fundamental o conhecimento das características hidráulicas dos materiais adjacentes, uma vez que sua eficiência dependerá de como a água, e quanto dela, chegará ao dispositivo de drenagem.

5.1.2 Características de projeto

No projeto do sistema de drenagem com drenos rasos devem ser levados em consideração os seguintes itens:

- Características do material do dreno:
  - Cego: granulometria e permeabilidade do material de enchimento da vala.
  - Tubular: tubo liso, corrugado ou perfurado.
  - Geocomposto: tipo e material.
- Locação e profundidade dos drenos e respectivas saídas.
- Declividade dos drenos e espaçamento das saídas (comprimento crítico).
- Dimensionamento dos drenos:
  - Cego: seção transversal.
  - Tubular: diâmetro e borda livre.
  - Geocomposto: seção transversal.
- Condição de funcionamento:
  - Cego: colmatação.
  - Tubular: entupimento de furos.
  - Geocomposto: colmatação.

A Fig. 5.2 mostra exemplos de posicionamento do dreno raso longitudinal em relação à seção transversal do pavimento.

5.1.3 Capacidade hidráulica dos drenos

Os drenos rasos longitudinais, independentemente do tipo, devem ter capacidade hidráulica adequada para remover a água que se infiltra pela superfície e pelas juntas entre a pista de rolamento e os acostamentos laterais.

Drenagem subsuperficial de pavimentos

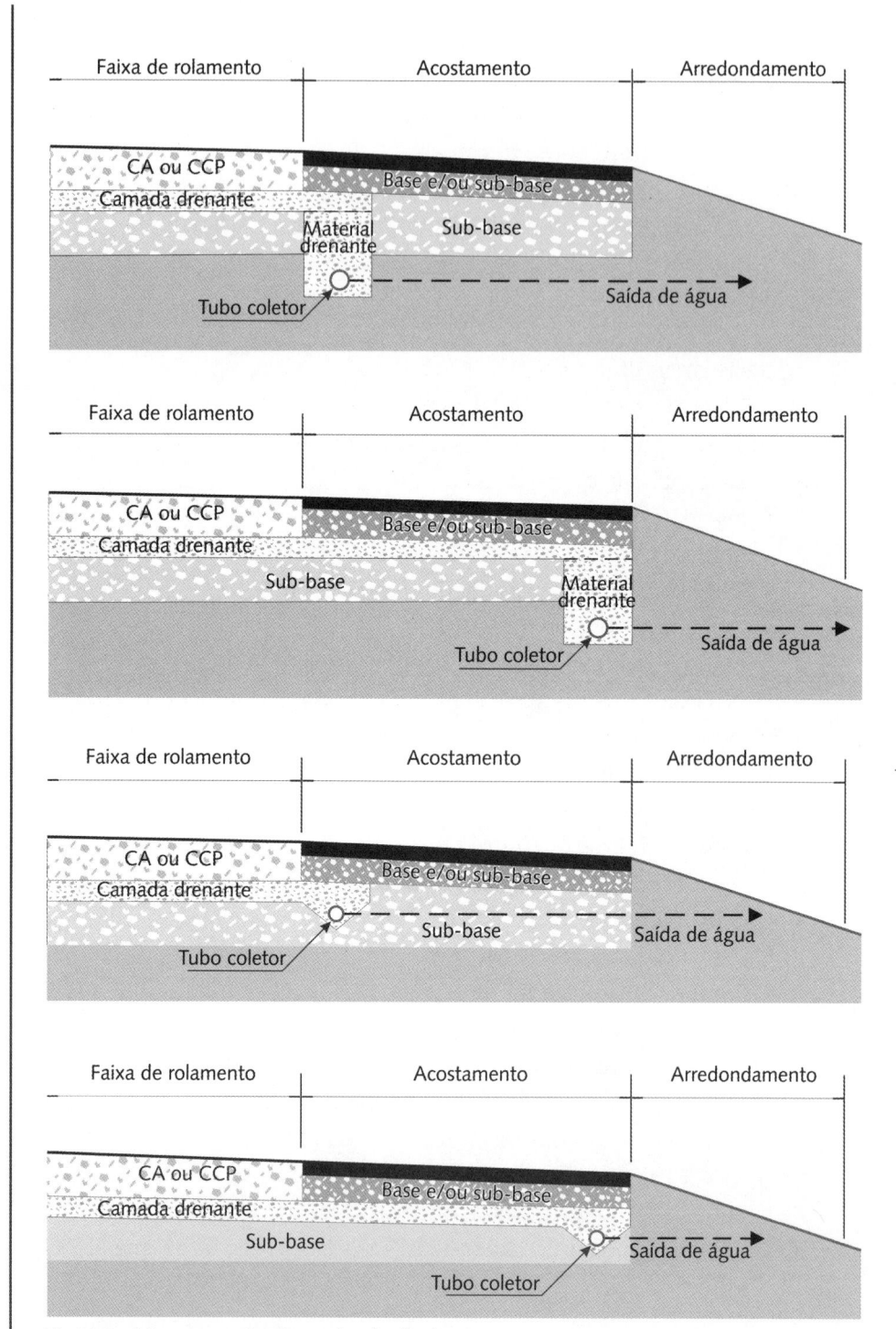

Fig. 5.2 Posicionamento dos drenos longitudinais

Cada elemento do sistema de drenagem deve ter capacidade crescente à medida que a água caminha para os pontos de saída, de forma a garantir o princípio da continuidade hidráulica, sem pontos de gargalo ao longo da trajetória da linha de água.

A capacidade de drenagem é determinada em função do tipo, do diâmetro e da declividade de assentamento da tubulação e do espaçamento das saídas. Essa combinação de elementos deve garantir que a capacidade do conduto seja superior à vazão de projeto.

Para o caso dos drenos tubulares, a quantidade de furos ou aberturas na tubulação deve ser suficientemente grande para permitir a entrada da água que chega até o dreno através das camadas drenantes adjacentes.

5.1.4 Critérios de dimensionamento

Apresenta-se, a seguir, a metodologia para o dimensionamento dos drenos rasos longitudinais.

Vazão de projeto

A vazão de projeto para a determinação das seções hidráulicas dos drenos e cálculo dos espaçamentos das saídas de água pode ser estimada a partir de um dos seguintes procedimentos:
- Critério 1 – descarga em função do tempo de drenagem.
- Critério 2 – descarga devida à infiltração pela superfície.
- Critério 3 – descarga em função da capacidade da base permeável.

A utilização de um dos critérios dependerá da concepção adotada para o tipo de base empregado no pavimento, garantindo, assim, a continuidade hidráulica no sistema de drenagem.

Critério 1 – Descarga em função do tempo de drenagem

De acordo com este procedimento, a vazão de projeto por unidade de comprimento do pavimento pode ser calculada como se segue:

$$q_d = 24 \cdot W \cdot H \cdot N_e \cdot U \cdot \frac{1}{t_d} \qquad (5.1)$$

onde:

q_d = Taxa de descarga da base permeável, m³/dia/m
W = Largura de contribuição da via, m
H = Espessura da camada da base permeável, m
N_e = Porosidade efetiva
U = Porcentagem de drenagem em decimal (usual 50%)
t_d = Tempo de drenagem, h

Exemplo 5.1 *Cálculo da vazão de projeto*

Pede-se para determinar a vazão estimada de projeto de um pavimento de concreto de cimento Portland (CCP) apresentando base permeável com largura de 7,3 m, espessura da camada de 0,15 m e porosidade efetiva igual a 0,25. O tempo estimado para que ocorra 50% de drenagem é de duas horas.

Solução:

$$q_d = 24 \cdot 7,3 \cdot 0,15 \cdot 0,25 \cdot 0,5 \cdot \frac{1}{2}$$

$$q_d = 1,643 \text{ m}^3/\text{dia}/\text{m}$$

Critério 2 – Descarga devida à infiltração pela superfície

Nesse procedimento, a vazão de projeto é estimada em função da taxa de infiltração pela superfície do pavimento, de acordo com a seguinte expressão:

$$q_d = q_i \cdot W \qquad (5.2)$$

onde:

q_d = Taxa de descarga da base permeável, m³/dia/m
q_i = Taxa de infiltração pela superfície, m³/dia/m²
W = Largura de contribuição da via, m

A taxa de infiltração q_i pode ser determinada pelo procedimento proposto por Cedergren, que considera a precipitação de projeto, ou pelo critério recomendado por Ridgeway, baseado na extensão de trincas ou juntas no pavimento.

Alternativamente, pode-se adotar uma taxa média de infiltração de água na estrutura do pavimento de acordo com o tipo de revestimento, conforme sugestão da FHWA.
- Pavimento asfáltico = q_i = 0,10 a 0,15 m³/dia/m²
- Pavimento rígido = q_i = 0,15 a 0,20 m³/dia/m²

Exemplo 5.2 *Cálculo da vazão de projeto*
Pede-se para estimar a vazão de projeto para um pavimento rígido sobrejacente a uma base permeável com 7,3 m de largura.
Solução:

$$q_d = 0{,}20 \cdot 7{,}3 = 1{,}46 \text{ m}^3/\text{dia}/\text{m}$$

Critério 3 – Descarga em função da capacidade da base permeável
De acordo com esse critério, a vazão de projeto por unidade de comprimento pode ser estimada por meio da seguinte equação:

$$q_d = k \cdot S_x \cdot H \tag{5.3}$$

onde:
q_d = Taxa de descarga da base permeável, m³/dia/m
k = Coeficiente de permeabilidade, m/dia
S_x = Declividade transversal, m/m
H = Espessura da base permeável, m

Exemplo 5.3 *Cálculo da vazão de projeto*
Pede-se para estimar a vazão de projeto de um pavimento de concreto constituído de base permeável com 0,15 m de espessura e coeficiente de permeabilidade de 300 m/dia.
A declividade transversal da base é de 0,02 m/m
Solução:

$$q_d = 300 \cdot 0{,}02 \cdot 0{,}15 = 0{,}90 \text{ m}^3/\text{dia}/\text{m}$$

Capacidade hidráulica dos drenos cegos

O dreno cego, denominado também dreno francês, é aplicável em segmentos de rodovia onde o volume de água a drenar é relativamente pequeno. O escoamento faz-se longitudinalmente por meio do material drenante que preenche a trincheira.

O escoamento verificado no dreno cego obedece à fórmula de Darcy, cuja expressão é:

$$Q = k \cdot S \cdot A \tag{5.4}$$

onde:
Q = Capacidade do dreno, m³/s
k = Coeficiente de permeabilidade do material drenante, m/dia
S = Declividade longitudinal do dreno, m/m
A = Área do dreno, normal ao descolamento do fluxo, m²

O dimensionamento do dreno cego consiste em analisar os dois casos a seguir expostos:

a] Conhecidos Q e S e fixado o valor de A, calcular k.

O problema se resume à determinação de uma granulometria para o material drenante que apresente o coeficiente de permeabilidade dado pela expressão:

$$k = \frac{Q}{S \cdot A} \tag{5.5}$$

O dreno longitudinal raso cego normalmente empregado pelos órgãos rodoviários do Estado de São Paulo tem dimensões 0,35 m × 0,60 m.

b] Conhecidos Q e S, bem como k do material drenante a utilizar, determinar a área A da parte drenante do dreno, ou seja, as dimensões b (base) e h (altura) do dispositivo.

O valor de A será determinado pela Eq. 5.6. Os drenos cegos têm, em geral, a forma retangular, ou seja:

$$A = b \cdot h \tag{5.6}$$

Fixando-se uma das dimensões, em geral, a base b, obtém-se a altura h.

Capacidade hidráulica dos drenos com tubo
Para o dimensionamento, admite-se que toda a água que chega até o dreno deve ser esgotada exclusivamente pelo tubo. Para sistemas com materiais britados de enchimento das valas relativamente permeáveis envolvendo os tubos teremos um dimensionamento conservador, pois é recomendável adotar um fator de segurança contra depósitos de materiais sólidos no fundo do tubo, reduzindo sua seção hidráulica.

A capacidade hidráulica do tubo é calculada empregando a expressão de Manning associada à equação da continuidade:

$$Q = \frac{R_H^{2/3}}{n} \cdot S^{1/2} \cdot A_m \quad (5.7)$$

onde:
Q = Capacidade do dreno, m³/s
R_H = Raio hidráulico, m

$$R_H = \frac{A_m}{P} \quad (5.8)$$

A_m = Seção transversal molhada do tubo, m²
P = Perímetro molhado, m
S = Declividade longitudinal, m/m
n = Coeficiente de Manning, função do tipo de tubo
D = Diâmetro do tubo, m

Admitindo o tubo trabalhando na seção plena, tem-se:

$$A_m = \frac{\pi \cdot D^2}{4} \quad (5.9)$$

$$P = \pi \cdot D \quad (5.10)$$

$$R_H = \frac{D}{4} \quad (5.11)$$

Substituindo os elementos na equação de Manning, tem-se:

$$Q = \frac{0{,}3117}{n} \cdot D^{8/3} \cdot S^{1/2}, \ m^3/s \qquad (5.12)$$

$$Q = \frac{2{,}693 \cdot 10^4}{n} \cdot D^{8/3} \cdot S^{1/2}, \ m^3/dia \qquad (5.13)$$

$$Q = k_1 \cdot S^{1/2}, \ m^3/dia \qquad (5.14)$$

onde:
$$k_1 = \frac{2{,}693 \cdot 10^4}{n} \cdot D^{8/3} \qquad (5.15)$$

A Tab. 5.1 apresenta valores de k_1 para diferentes tipos e diâmetros usuais de tubos empregados em sistemas de drenagem subsuperficial, considerando-se o resultado da capacidade do dreno em m³/dia.

Tab. 5.1 Valores de k_1 para tubos circulares

Diâmetro do tubo (m)	Tipo de tubo	
	Liso n = 0,012	Corrugado n = 0,024
0,075	2.245	1.123
0,10	4.835	2.417

Exemplo 5.4 *Cálculo da capacidade do dreno*

Pede-se para determinar a capacidade hidráulica de um tubo liso de 0,10 m de diâmetro assentado com declividade longitudinal de 0,02 m/m.

Solução:

$$Q = \frac{2{,}693 \cdot 10^4}{0{,}012} \cdot 0{,}10^{8/3} \cdot 0{,}02^{1/2} = 684 \ m^3/dia$$

ou:

$$Q = k_1 \cdot S^{1/2}$$

$$Q = 4.835 \cdot 0{,}02^{1/2} = 684 \ m^3/dia$$

5 | Drenos

Efetivamente, a capacidade hidráulica dependerá do nível de enchimento da água a ser admitido para o funcionamento do dreno.

As Eqs. 5.16 e 5.17 apresentam um resumo da formulação para a consideração do efeito da borda livre no cálculo da capacidade do dreno. A primeira introduz o coeficiente k_2, para determinação da vazão em m³/s, e a segunda, o coeficiente k_3, para determinação da vazão em m³/dia. Na Tab. 5.2, apresentam-se os valores dos parâmetros de cálculo para diferentes situações, admitindo-se que o tubo poderá funcionar completamente cheio (y/D = 1) ou com borda livre correspondente a 1/3 do diâmetro, tendo, portanto, a lâmina de água uma altura y = 2/3 D.

$$Q = \frac{k_2}{n} \cdot D^{8/3} \cdot S^{1/2}, \; m^3/s \quad (5.16)$$

$$Q = \frac{k_3}{n} \cdot D^{8/3} \cdot S^{1/2}, \; m^3/dia \quad (5.17)$$

Tab. 5.2 Valores de k_2 e k_3 para tubos circulares

Altura da água y/D	Área molhada Am (m²)	Raio hidráulico R_H (m)	k_2	k_3
1,0	0,7854 · D²	0,2500 · D	0,3117	2,693 · 10⁴
2/3	0,5562 · D²	0,2911 · D	0,2443	2,111 · 10⁴

Capacidade hidráulica de dreno com geocomposto

No caso de utilização de geocompostos para os drenos longitudinais em substituição aos tubos, conforme indicado na Fig. 5.3, sua capacidade pode ser estimada pela seguinte equação:

$$Q = C_G \cdot F \cdot G^{1/2} = C_G \cdot F \cdot \left[S + \frac{F_1 - F_2}{L} \right]^{1/2} \quad (5.18)$$

onde:
Q = Capacidade de fluxo, m³/dia
C_G = Fator de fluxo do geocomposto, m³/dia/m
G = Gradiente hidráulico total

$$G = S + H/L \tag{5.19}$$

S = Declividade longitudinal do dreno, m/m
$F_1 - F_2$ = Diferença de altura da água na entrada e na saída do dreno, m
F = Profundidade média do fluxo de água, $(F_1 + F_2)/2$, m

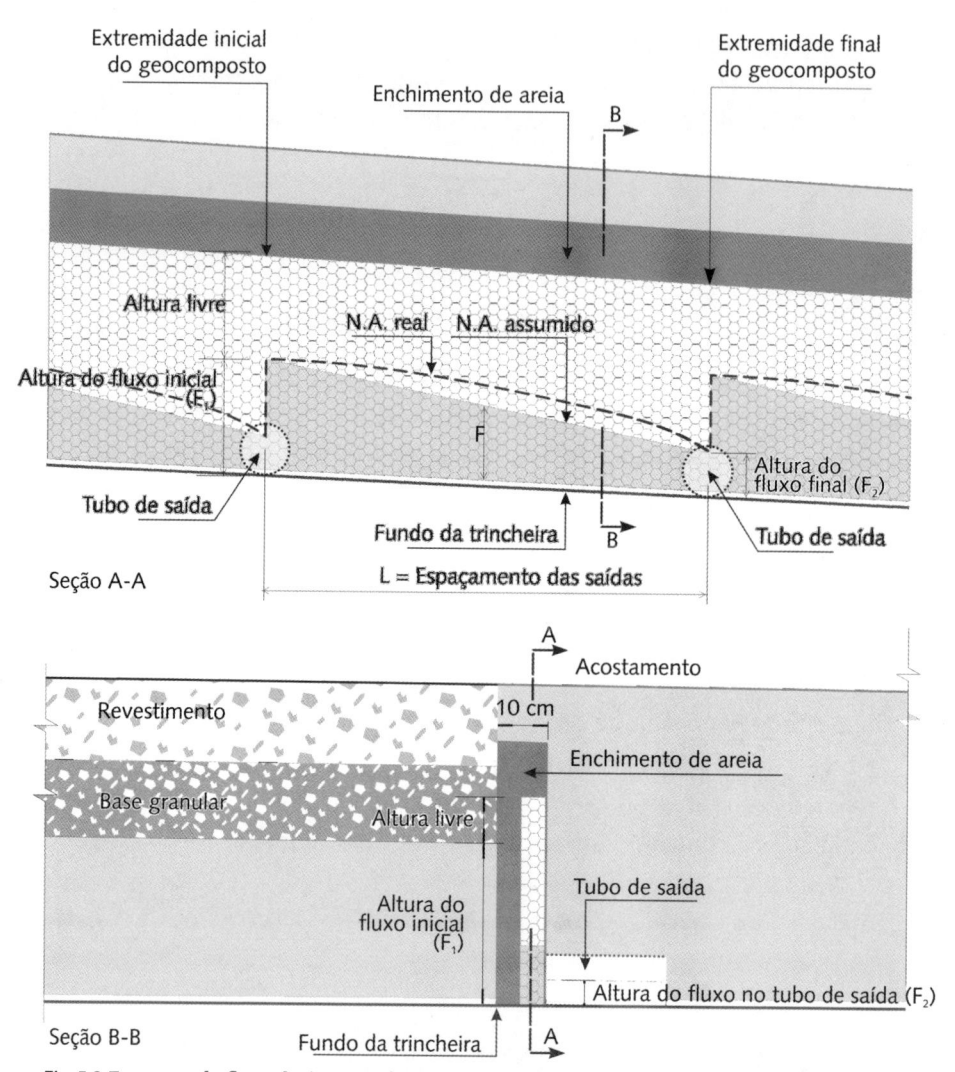

Fig. 5.3 *Esquema do fluxo de água no dreno geocomposto*

Apresentam-se na Tab. 5.3 alguns valores de C_G para diversos tipos de geocompostos encontrados no mercado.

Tab. 5.3 Valores de C_G para drenos geocompostos

Produto	C_G (m³/dia/m)
Hydraway	1.486
Akwadrain	589
Hitek 20	651
Hitek 40	2.263
MacDrain TD	279
Stripdrain 100	1.550

A Tab. 5.4 apresenta a capacidade de dois drenos com a utilização de geocompostos tipo MacDrain TD e Akwadrain para diversas condições de declividade longitudinal, espaçamento entre saídas e alturas de água $F_1=0{,}30$ m e $F_2=0{,}10$ m, na entrada e saída do dreno, respectivamente.

Tab. 5.4 Capacidade de drenos com geocompostos

S	L_s	Q (m³/dia)	
(m/m)	(m)	C=279 MacDrain TD	C=589 Akwadrain
0,02	10	11,16	23,58
	20	9,66	20,39
0,03	10	12,48	26,34
	20	11,16	23,53
0,04	10	13,67	28,84
	20	12,48	26,30

5.1.5 Cálculo do espaçamento entre as saídas

Uma vez escolhido o tipo de dreno, diâmetro do tubo e respectivas capacidades hidráulicas, o dimensionamento resume-se em calcular o espaçamento entre saídas de água, para cada condição de declividade longitudinal da via.

O espaçamento, também denominado comprimento crítico, pode ser determinado pelas expressões a seguir, que dependem do critério utilizado para se estimar a descarga de projeto do pavimento, por unidade de comprimento.

$$Q = q_d \cdot L_s \qquad (5.20)$$

onde:
Q = Capacidade do dreno, m³/s
q_d = Vazão de fluxo que o dreno recebe, por metro linear, m³/s/m
L_s = Espaçamento entre saídas de água, m

Critério 1 – Fluxo determinado em função do tempo de drenagem pela camada permeável

$$L_s = \frac{Q \cdot t_d}{24 \cdot W \cdot H \cdot Ne \cdot U} \qquad (5.21)$$

Critério 2 – Fluxo devido à infiltração pela superfície do pavimento

$$L_s = \frac{Q}{q_i \cdot W} \qquad (5.22)$$

Critério 3 – Fluxo máximo que chega pela camada permeável

$$L_s = \frac{Q}{k \cdot S_x \cdot H} \qquad (5.23)$$

O espaçamento entre saídas dos drenos deverá ser menor ou igual ao comprimento crítico encontrado por um dos procedimentos mencionados.

Embora a distância entre saídas e a dimensão do tubo possam ser calculadas teoricamente, na prática, tais valores podem ser definidos e adotados em função da experiência local, levando-se em consideração aspectos relativos à manutenção.

É comum adotar-se espaçamento máximo entre saídas da ordem de 75 m a 100 m e diâmetro mínimo para os tubos de 5 cm a 10 cm.

Exemplo 5.5 *Espaçamento entre saídas de água de drenos cego e tubular*
Dados:
♦ Vazões contribuintes

Critério 1 – Função do tempo de drenagem

$$q_d = 1{,}643 \text{ m}^3/\text{dia/m}$$

Critério 2 – Devido à infiltração pela superfície

$$q_d = 1{,}46 \text{ m}^3/\text{dia/m}$$

Critério 3 – Função da capacidade da base permeável

$$q_d = 0{,}90 \text{ m}^3/\text{dia/m}$$

- Capacidade do dreno cego (0,35 m x 0,60 m)

A = 0,35 · 0,60 = 0,21 m² – seção do dreno
S = 0,02 m/m – declividade longitudinal
k = 0,25 m/s – coeficiente de permeabilidade da brita = 2,16 · 10⁴ m/dia

$$Q = 2{,}16 \cdot 10^4 \cdot 0{,}02 \cdot 0{,}21$$

$$Q = 90{,}72 \text{ m}^3/\text{dia}$$

- Capacidade do tubo corrugado

D = 0,10 m – diâmetro do tubo
S = 0,02 m/m – declividade longitudinal
n = 0,024 – coeficiente de rugosidade
y/D = 2/3
$k_3 = 2{,}111 \times 10^4$ (Tab. 5.2)

$$Q = \frac{k_3}{n} \cdot D^{8/3} \cdot S^{1/2} = \frac{2{,}111 \cdot 10^4}{0{,}024} \cdot 0{,}10^{8/3} \cdot 0{,}02^{1/2}$$

Q = 268 m³/dia

- Comprimento crítico/espaçamento entre saídas de água dos drenos:

$$L_s = \frac{Q}{q_d}$$

O resultado do cálculo do espaçamento entre saídas de drenos cegos e tubulares para cada critério de vazão contribuinte está apresentado na Tab. 5.5.

Tab. 5.5 Espaçamento entre saídas

CRITÉRIOS	q_d (m³/dia/m)	TIPO DE DRENO			
		CEGO		TUBULAR	
		Capacidade Q (m³/dia)	L_S (m)	Capacidade Q (m³/dia)	L_S (m)
1 – Tempo de drenagem	1,643	90,72	55	268	163
2 – Infiltração pela superfície	1,460	90,72	62	268	184
3 – Capacidade de base permeável	0,900	90,72	100	268	298

Exemplo 5.6 *Espaçamento entre saídas de dreno com geocomposto*

Dados:

Geocomposto tipo Hydraway

Vazões de projeto

Critério 1 – q_d = 1,643 m³/dia/m

Critério 2 – q_d = 1,46 m³/dia/m

Critério 3 – q_d = 0,90 m³/dia/m

C_G = 1.486 m³/dia/m

F_1 = 0,30 m

F_2 = 0,10 m

S = 0,02 m/m

$$Q = 1486 \cdot \left(\frac{0,30 + 0,10}{2}\right) \cdot \left[0,02 + \frac{0,30 - 0,10}{29,6}\right]^{0,5}$$

$$L_S = \frac{Q}{q_d} = \frac{48,61}{1,643} = 29,6 \text{ m}$$

O resultado do cálculo do espaçamento entre saídas de drenos com geocompostos para cada critério de vazão contribuinte é apresentado na Tab. 5.6.

Tab. 5.6 Capacidade de drenagem e espaçamento entre saídas laterais

CRITÉRIOS	q_d (m³/dia/m)	Q (m³/dia)	L_s (m)
1 – Tempo de drenagem	1,643	48,61	29,6
2 – Infiltração pela superfície	1,460	48,01	32,8
3 – Capacidade de base permeável	0,900	45,97	51,0

5.1.6 Envelopamento ou filtro do dreno

Quando se trabalha com drenos rasos longitudinais cegos ou tubulares, é necessário avaliar os materiais de envelopamento e de filtro quanto aos seguintes aspectos:

- Prevenção do movimento de partículas de solos para o interior do material drenante que poderá colmatar e entupir o dreno.
- Permeabilidade superior ao do solo adjacente.
- Camada de assentamento e apoio para o dreno.
- Garantia da estabilização do solo que está sendo drenado.

Critério de filtro – Agregado envolvendo tubos

Qualquer agregado utilizado para preenchimento do dreno deve satisfazer os seguintes critérios de filtro:

- Quanto a entupimento

O material de filtro deve ser suficientemente fino para evitar que o outro mais fino adjacente seja carreado ou migrado para o interior do dreno, como indicado:

$$\frac{d_{15}\,\text{filtro}}{d_{85}\,\text{solo}} \leq 5$$

d_{15} e d_{85} = Tamanho do grão correspondente a 15% e 85% de material passando respectivamente na peneira.

Esse critério deve ser aplicado não somente para o material de filtro, como também para os demais materiais drenantes.

Por exemplo: se um material for utilizado como filtro, tal critério deverá ser aplicado inicialmente como o material sendo o filtro do solo adjacente e, a seguir, a camada drenante como sendo filtro do material selecionado. Em resumo, deve-se prevenir o carreamento de material adjacente para o filtro e deste para o interior do material drenante.

● Quanto a permeabilidade

O material de filtro deve ter granulometria aberta o suficiente para permitir a percolação da água sem apresentar resistência significativa, como indicado a seguir:

$$\frac{d_{15}\,\text{filtro}}{d_{15}\,\text{solo}} \leq 5$$

Esse critério deve ser aplicado somente para o filtro.

Se a camada drenante for considerada permeável, esse critério certamente será atendido.

● Quanto a outros aspectos

As equações anteriores foram originalmente desenvolvidas por Betram, com a supervisão de Terzaghi e Casagrande. O estudo de Betram foi, mais tarde, ampliado pela USACE, e para garantir que as curvas granulométricas do filtro e do material a ser protegido fossem aproximadamente paralelas, recomendou-se um critério adicional indicado pela expressão abaixo:

$$\frac{d_{50}\,\text{filtro}}{d_{50}\,\text{solo}} \leq 25$$

Para minimizar o problema de segregação dos grãos, a USACE especificou que o material de filtro apresentasse coeficiente de uniformidade inferior a 25, sendo esse coeficiente definido pela relação entre d_{60} e d_{10} do material de filtro.

$$C_u = \frac{d_{60}\,\text{filtro}}{d_{10}\,\text{filtro}} \leq 25$$

Para prevenir que os finos do filtro sejam carreados para o interior do material drenante, Moulton recomendou que a quantidade de finos passando na peneira 200 fosse inferior a 5% ou que o d_5 do filtro fosse maior ou igual a 0,074 mm.

Geotêxteis

Geotêxteis são filtros fabricados comercialmente que podem ser utilizados para proteger os materiais drenantes contra a colmatação. Além das funções de reter o solo fino e permitir a passagem da água, os geotêxteis devem apresentar áreas suficientemente abertas para evitar o próprio entupimento.

Devem ser fabricados com fibras resistentes e duráveis de poliéster, polipropileno, ou outra fibra polimérica, formando uma manta tecida ou não tecida.

Devem ser livres de qualquer tipo de tratamento ou pintura que possam alterar significativamente suas propriedades. Devem ser, ainda, dimensionalmente estáveis, mantendo-se as fibras em suas posições relativas dentro da malha, e prover desempenho satisfatório ao longo de sua vida útil.

Os critérios de filtro para os geotêxteis deverão contemplar sua resistência ao bombeamento ou retenção, permeabilidade e entupimento.

Na drenagem subsuperficial, os geotêxteis podem ser usados como envelope nos drenos de trincheiras ou envolvendo os tubos como filtro, no caso de drenos tubulares.

Os geotêxteis têm sido utilizados em drenagem subsuperficial como boa alternativa aos produtos naturais.

Por sua fácil instalação, quando comparado à dificuldade de se executar filtros de agregados e em virtude do problema de separar as diferentes camadas de materiais sem contaminação, o uso de geotêxteis pode se tornar mais econômico.

5.1.7 Características dos tubos

Os tubos empregados em drenagem subsuperficial, além do tipo PVC, podem ser de concreto, argila, fibra, metálicos ou de diversos tipos de plásticos com superfícies lisa ou corrugada. Quando usados como drenos propriamente ditos, são perfurados ou com fendas e, às vezes, com juntas abertas; assim, a água pode fluir livremente através dos tubos. Devem ser envolvidos com agregados apropriados ou com mantas geotêxteis para evitar o entupimento das aberturas existentes em suas paredes.

Quando os tubos são perfurados ou dotados de fendas, são utilizados para coleta e remoção da água e, assim, o material envolvente em contato com o tubo precisa ser suficientemente graúdo para não ser carreado para o interior da tubulação.

Quando utilizados como saída, os tubos não precisam ser perfurados e também podem ser reaterrados na trincheira com qualquer tipo de solo, sem a preocupação da colmatação.

Os critérios de filtros recomendados pela USACE para tubos com fendas ou furos circulares são:

$$\frac{d_{85} \text{ do filtro}}{\text{largura da fenda}} \geq 1{,}2 \text{ para fendas}$$

$$\frac{d_{85} \text{ do filtro}}{\text{diâmetro do furo}} \geq 1{,}0 \text{ para furos circulares}$$

5.1.8 Aspectos construtivos

Diversos tipos e diâmetros de tubos estão disponíveis no mercado e podem ser utilizados no sistema de drenagem. A resistência mecânica é uma das principais características a ser verificada, porque os tubos podem ser submetidos a pesados equipamentos de construção por ocasião de sua instalação.

Devem, ainda, ser duráveis sob quaisquer condições físicas e ambientais a que forem submetidos. Por exemplo, tubos metálicos não devem ser usados em áreas de resíduos de mina de carvão para evitar a corrosão pela agressividade da acidez da água.

Alguns tubos de plástico também estarão sujeitos à agressividade do meio ambiente e a condições atmosféricas adversas. Existem especificações da AASHTO, da ASTM e recomendações de fabricantes que deverão ser consultadas durante a fase de seleção e escolha do tipo de material.

Experiências anteriores e o histórico do desempenho associados às considerações econômicas geralmente são importantes para ajudar no processo de escolha do material.

Os tubos coletores são, geralmente, colocados sobre berço de material granular compactado com as perfurações ou fendas na parte inferior, para reduzir a possibilidade de sedimentação no interior do tubo e abaixar o nível de água estático dentro da trincheira.

Entretanto, em situações extremamente úmidas e brejosas, onde é difícil manter a trincheira e os materiais do berço de assentamento numa condição de drenagem livre, é recomendável dispor os tubos coletores com as perfurações ou fendas orientadas para cima ou ligeiramente na lateral, ao longo da direção do fluxo.

Os tubos de saída devem ser instalados com intervalos convenientemente espaçados, para assegurar a drenagem. As saídas devem ser livres naturalmente e protegidas contra eventual tamponamento, principalmente por causa do crescimento de vegetação.

Em algumas situações, é interessante tratar a boca de saída com grelhas ou gradis de proteção para prevenir que pequenos animais ou pássaros façam ninhos ou depositem restos de galhos nas imediações.

Como regra geral, o espaçamento das saídas não deve ser superior a 100 m, com os tubos lisos colocados num ângulo entre 45° e 90°, com a direção do dreno longitudinal.

Os tubos de saídas poderão ser aparentes, com dispositivos apropriados, ou conectados a outro sistema de drenagem profunda do local.

Os dispositivos aparentes de proteção da saída deverão ser constituídos de muro de testa de concreto pré-moldado ou moldado *in loco*, adequadamente assentados, para evitar danos à tubulação, erosão nos taludes, e para que possam ser facilmente visualizados para posterior execução de manutenção.

Pode-se, ainda, instalar marcos em cada saída para facilitar sua visualização durante os serviços de inspeção e manutenção.

No trecho final de lançamento, é recomendável que o tubo tenha declividade mínima de 3% e, no caso de saída junto a uma valeta de drenagem, esteja posicionado pelo menos 15 cm acima da cota prevista de inundação, para uma vazão de projeto considerando período de retorno de dez anos.

No caso específico de obras de restauração de pavimentos existentes, recomendam-se cuidados especiais para a implantação de drenos rasos longitudinais em vista da perspectiva de ocorrência de danos e desconfinamento das camadas inferiores durante a execução de valas para sua instalação.

Nas Figs. 5.4 a 5.7, a seguir, são mostradas fotos com a sequência construtiva do dreno raso longitudinal.

Fig. 5.4 *Escavação da vala*

Fig. 5.5 *Distribuição da manta geotêxtil*

Fig. 5.6 *Colocação do tubo*

Fig. 5.7 *Detalhe do tubo de PVC corrugado e perfurado*

5.1.9 Considerações sobre custos dos drenos rasos longitudinais

Com o objetivo de comparar o custo do dreno raso longitudinal em relação ao total da pavimentação por metro linear, foi desenvolvido um estudo teórico considerando as seguintes alternativas:

- Dreno cego com dimensão 0,35 m x 0,25 m constituído de brita 2 e envolvido com manta geotêxtil.
- Dreno tubular com dimensões similares às do dreno cego, porém, incluindo tubo de PVC perfurado com 10 cm de diâmetro.
- Configuração de pistas:
  - Pista simples: duas faixas de rolamento com 3,6 m cada e 3 m para os acostamentos; ou seja, largura total da plataforma de 13,2 m.
  - Pista dupla com duas faixas por sentido: duas faixas de rolamento com 3,6 m cada, 3,0 m para o acostamento externo e 1 m para a faixa de segurança; ou seja, largura total da plataforma de 11,2 m.
  - Pista dupla com três faixas por sentido: três faixas de rolamento com 3,6 m cada, 3,0 m para o acostamento externo e 1 m para as faixas de segurança; ou seja, largura total da plataforma de 14,8 m.
- Seções tipo para tráfego pesado de pavimento flexível, semirrígido invertido e rígido com camadas constituídas dos materiais e espessuras indicadas na Tab. 5.7 a seguir.

Tab. 5.7 Estruturas de pavimento analisadas

Camada	Espessura (m)
Pavimento flexível	
Revestimento de concreto asfáltico com polímero	0,05
Revestimento de concreto asfáltico convencional	0,10
Base de brita graduada simples	0,25
Reforço do subleito com pedra rachão	0,30
Regularização do subleito	-
Pavimento semirrígido invertido	
Revestimento de concreto asfáltico com polímero	0,05
Revestimento de concreto asfáltico convencional	0,10
Base de brita graduada simples	0,12
Sub-base de brita graduada tratada com cimento	0,17
Reforço do subleito com pedra rachão	0,30
Regularização do subleito	-
Pavimento rígido	
Placa de concreto de cimento Portland	0,24
Base de concreto compactado com rolo	0,10
Sub-base de brita graduada simples	0,10
Reforço do subleito com pedra rachão	0,30
Regularização do subleito	-

A Tab. 5.8 apresenta a estimativa de custos de pavimentação e de drenos subsuperficiais por quilômetro considerando os preços unitários indicados na Tabela de Preços Unitários do DER/SP, data-base Março/2011.

Com base na análise desenvolvida, será constatado que os custos dos drenos podem variar de 0,6% a 4,5% do custo total da pavimentação, dependendo da estrutura e da seção tipo considerada para a rodovia.

Relativamente, os custos dos drenos são menores para os pavimentos rígidos, em rodovias de múltiplas faixas, e drenos constituídos essencialmente de brita.

5.2 Drenos rasos transversais

Os drenos rasos transversais são dispositivos destinados a coletar as águas que percolam pelas camadas do pavimento ou suas interfaces no sentido longitudinal da via ou, ainda, receber as contri-

Tab. 5.8 Estimativa de custos

Tipos de pavimentos	Dreno Tubular					Dreno Cego				
	Custo*			%		Custo*			%	
	Pavimento	Dreno	Total	Pavimento	Dreno	Pavimento	Dreno	Total	Pavimento	Dreno
Pista simples										
Flexível	2.362,71	110,78	2.473,49	95,5	4,5	2.362,71	47,78	2.410,49	98,0	2,0
Rígido	3.364,56	110,78	3.475,34	96,8	3,2	3.364,56	47,78	3.412,34	98,6	1,4
Semirrígido invertido	2.576,17	110,78	2.686,95	95,9	4,1	2.576,17	47,78	2.623,95	98,2	1,8
Pista dupla com duas faixas por sentido										
Flexível	2.004,73	55,39	2.060,11	97,3	2,7	2.004,73	23,89	2.028,61	98,8	1,2
Rígido	2.854,78	55,39	2.910,17	98,1	1,9	2.854,78	23,89	2.878,67	99,2	0,8
Semirrígido invertido	2.185,84	55,39	2.241,23	97,5	2,5	2.185,84	23,89	2.209,73	98,9	1,1
Pista dupla com três faixas por sentido										
Flexível	2.649,10	55,39	2.704,49	98,0	2,0	2.649,10	23,89	2.672,99	99,1	0,9
Rígido	3.772,38	55,39	3.827,77	98,6	1,4	3.772,38	23,89	3.796,27	99,4	0,6
Semirrígido invertido	2.888,43	55,39	2.943,82	98,1	1,9	2.888,43	23,89	2.912,32	99,2	0,8

*custo expresso em R$ 1.000 reais

buições de camadas permeáveis de reparos profundos localizados, efetuando o cruzamento da pista e respectivo lançamento final até local adequado de deságue.

Sua utilização é geralmente indicada nos seguintes locais:

- Pontos baixos das curvas verticais côncavas.
- Pontos de transição da superelevação com declividade transversal quase nula.
- Trechos de via com greides suaves e declividades longitudinais inferiores a 0,35%.
- Pontos de transição de corte-aterro.
- Próximos aos encontros das obras de arte especiais e emboques de túneis.
- Onde se deseja retirar as águas acumuladas nas bases permeáveis, não drenadas por outros dispositivos, no caso de restaurações.

Drenagem subsuperficial de pavimentos

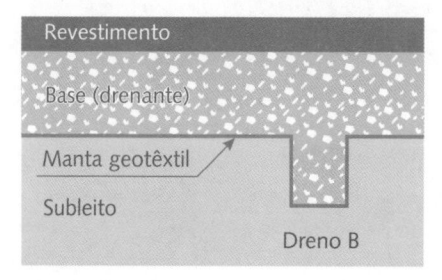

Fig. 5.8 *Drenos rasos transversais*

Os drenos rasos transversais do pavimento são instalados perpendicularmente ao eixo da rodovia, abaixo da camada drenante ou base permeável, em posição que lhes permita captar diretamente toda a água infiltrada nessas camadas, conforme mostrado na Fig. 5.8.

As estacas e respectivas cotas dos pontos baixos das curvas verticais côncavas, onde esses dispositivos são normalmente instalados, podem ser calculadas empregando-se as expressões a seguir, conforme representado na Fig. 5.9.

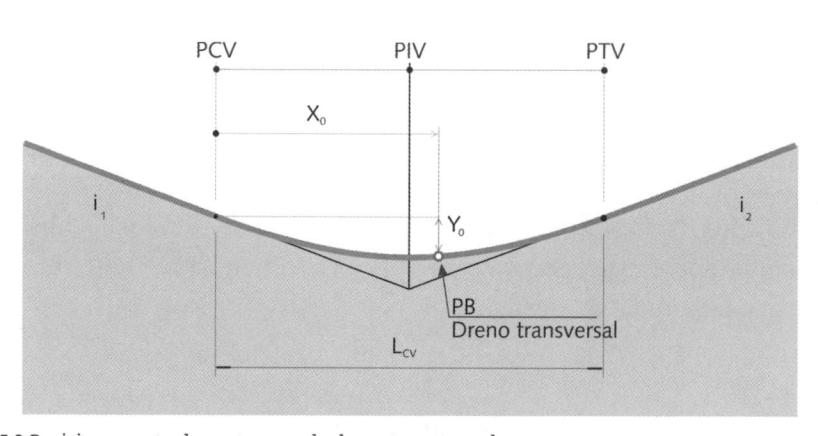

Fig. 5.9 *Posicionamento das estacas e do dreno transversal raso*

$$EST_{PB} = EST_{PCV} + X_0$$

$$X_0 = \frac{-i_1 \cdot L_{CV}}{\Delta i}$$

$$H_{PB} = H_{PCV} + Y_0$$

$$Y_0 = \frac{-i_1^2 \cdot L_{CV}}{2 \cdot \Delta i}$$

$$\Delta i = i_2 - i_1$$

onde:
EST_{PB} = Estaca do ponto baixo
EST_{PCV} = Estaca do ponto de começo de curva vertical
X_0 = Afastamento do ponto baixo desde o início da curva
H_{PB} = Cota do ponto baixo
H_{PCV} = Cota do ponto de começo da curva vertical
Y_0 = Desnível do ponto baixo em relação à cota do ponto de início da curva
i_1 = Declividade da rampa descendente (sinal negativo)
i_2 = Declividade da rampa ascendente subsequente (sinal positivo)
Δi = Diferença algébrica entre as rampas i_2 e i_1
L_{cv} = Distância entre o começo e o fim da curva vertical

Exemplo 5.7 *Cálculo do afastamento e cota do ponto baixo*

Dada uma curva vertical côncava de comprimento L_{CV} = 200 m, constituída de duas rampas sucessivas iguais a –3% e +2%, respectivamente, pede-se determinar o afastamento e o desnível do ponto baixo em relação ao ponto de início de curva vertical PCV.

Solução:

$i_1 = -0,03$ L_{CV} = 200 m
$i_2 = +0,02$ $\Delta i = 0,05$

$$X_0 = \frac{-i_1 \cdot L_{CV}}{\Delta i} = \frac{0,03 \cdot 200}{0,05}$$

X_0 = 120 m – afastamento do PB ao PCV

$$Y_0 = \frac{-i_1^2 \cdot L_{CV}}{2 \cdot \Delta i} = \frac{-(0,03^2) \cdot 200}{2 \cdot 0,05}$$

$Y_0 = -1,80$ m – desnível entre o PB e o PCV

5.2.1 Dimensionamento hidráulico

O dimensionamento do dreno raso transversal consiste em se determinar a área da seção de vazão e o espaçamento entre drenos consecutivos.

A seção dos drenos tem, geralmente, forma retangular, podendo ou não ser dotada de tubo, dependendo do gradiente hidráulico disponível.

Os drenos transversais de base são dimensionados obedecendo à sistemática exposta para os drenos rasos longitudinais, observando-se as seguintes alterações:

- O gradiente hidráulico tem, em geral, o valor coincidente com a declividade transversal, exceto nas regiões de transição de superelevação, em que o valor praticamente se anula.
- O material drenante do dispositivo deve possuir permeabilidade maior que a da base ou sub-base a drenar, no caso de pavimentos novos, ou, no mínimo, igual à da camada (eleita) drenante no caso de projeto de restaurações.
- O espaçamento entre drenos transversais consecutivos é determinado pela relação entre sua vazão de projeto e a contribuição recebida pela infiltração devidamente calculada.

Esse tipo de dreno é essencial para o caso de reparos profundos nas intervenções de restauração de pavimentos, principalmente quando o fluxo proveniente da camada mais permeável fica bloqueado em seu percurso natural.

No caso de projetos de restauração, recomenda-se estender o dreno transversal por toda a largura do acostamento e efetuar o lançamento final livremente, em local apropriado.

O dreno raso transversal empregado em diversas rodovias de tráfego pesado no Estado de São Paulo tem dimensões de 0,35 m x 0,25 m, é constituído de tubo de PVC com diâmetro de 0,10 m, brita de ¾" a 1 ½" e envolvimento com manta geotêxtil.

5.3 Drenos laterais de base

No projeto do sistema de drenagem subsuperficial, discute-se sempre a necessidade de se prever a instalação de drenos rasos longitudinais para remover a água livre proveniente da camada drenante que normalmente se acumula na borda da pista de rolamento.

Quando não são previstos os drenos rasos longitudinais, a camada drenante deve preferencialmente ser estendida pelos acostamentos até a borda livre do aterro ou das valetas laterais nos casos de corte.

No entanto, dependendo da situação, a solução estendendo a camada drenante até os taludes e as valetas laterais pode encarecer a obra em vista do acréscimo de material granular empregado.

Ainda, essa solução pode, algumas vezes, apresentar inconvenientes devido a problemas construtivos ou à falta de manutenção dos taludes, que tendem a obstruir as saídas laterais e prejudicam o desempenho hidráulico da camada.

Em outras situações, a camada drenante, cuja função é retirar a água da pista, pode desempenhar função inversa, permitindo a percolação de água das valas laterais para a estrutura interna do pavimento.

Alternativamente aos drenos rasos longitudinais, podem ser utilizados drenos laterais de base (sangrias), que terão a função de recolher a água drenada pela camada drenante; porém, explorando a capacidade de escoamento dos materiais granulares empregados nos acostamentos.

As águas drenadas passam a correr junto à base dos acostamentos até esgotar a capacidade da camada drenante, quando, então, serão captadas pelos drenos laterais de base, mais eficientes hidraulicamente, que as conduzirão a um lugar de lançamento final seguro, atravessando os acostamentos.

Os drenos laterais de base posicionam-se no acostamento entre a borda da camada drenante e a borda livre, provocando o fluxo das águas segundo a reta de maior declive determinada pelas declividades longitudinal e transversal do acostamento.

Os materiais dos drenos laterais de base devem ser inertes e possuir, no mínimo, os valores dos coeficientes de condutividade hidráulica dos materiais usados nas respectivas camadas drenantes.

5.3.1 Dimensionamento hidráulico

O dimensionamento hidráulico dos drenos laterais de base é feito tendo em vista a seção transversal a adotar ou, quando houver restrições a essa seção, a utilização de materiais que tenham coeficientes de condutividade hidráulica que permitam o uso da seção imposta pelas condições locais.

Para o cálculo da espessura da camada drenante, admite-se que a inclinação do dreno é igual a seu gradiente hidráulico, representado pela linha de maior declive e calculado com base nas declividades longitudinal e transversal do acostamento.

É comum, principalmente em pavimentos existentes, que os materiais dos acostamentos tenham condutividade hidráulica menor que aqueles das camadas correspondentes do pavimento. Desse modo, quando as águas que escoam pela camada drenante se aproximarem dos acostamentos, tenderão a escoar longitudinalmente junto a eles, até que seja atingida a capacidade máxima da camada drenante, onde será o local indicado no projeto para um dreno lateral, conforme as Figs. 5.10 e 5.11.

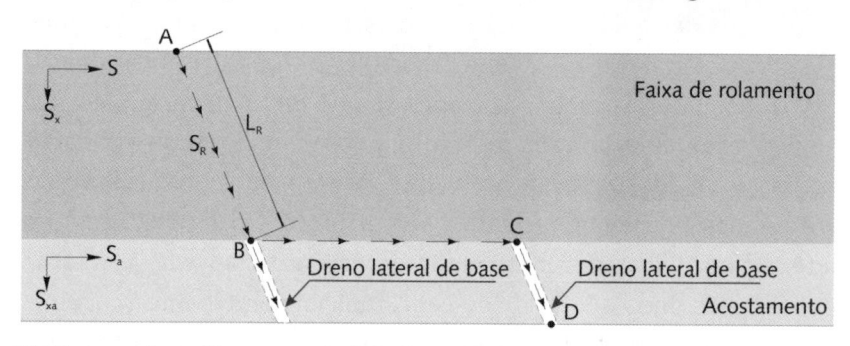

Fig. 5.10 Esquema do posicionamento do dreno lateral de base

Especificamente em trabalhos de reabilitação de pavimento de rodovias com tráfego pesado e com problemas estruturais e de drenagem subsuperficial, têm sido instalados drenos rasos longitudinais ou laterais de bases do tipo geocomposto, comercializados pela Maccaferri do Brasil, que apresentam, além de rapidez e facilidade construtiva, custo competitivo e excelente eficiência hidráulica.

Na Áustria, para facilitar a drenagem da água que se infiltra pelas juntas dos pavimentos de concreto, fitas drenantes com a função de drenos laterais de base são colocadas embaixo das placas, em locais correspondendo às juntas transversais e se estendendo desde a metade da largura da faixa externa até o bordo do acostamento, conforme visto na Fig. 5.12.

5 | Drenos

Fig. 5.11 *Instalação do dreno longitudinal e lateral de base em geocomposto em restauração de rodovias*
Fonte: Cortesia de Maccaferri do Brasil.

A Fig. 5.13 mostra as fitas drenantes sendo instaladas antes da execução das placas.

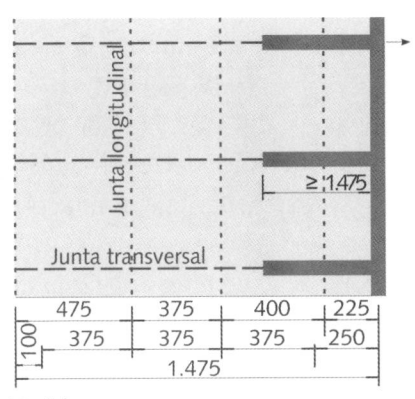

Medidas em mm
Fig. 5.12 *Posicionamento de fitas drenantes sob as juntas do pavimento de concreto*

Fig. 5.13 *Colocação das fitas drenantes antes da pavimentação*

179

6 Pavimentos permeáveis

6.1 Breve histórico

Os projetos de pavimentos tradicionais procuram conferir ao revestimento a máxima impermeabilidade possível. Essa medida visa proporcionar aos materiais subjacentes não tratados proteção contra o aumento de umidade, que diminuiria sua capacidade de carga, e evitar a rápida degradação do revestimento, que se fissura quando submetido a pressões hidrodinâmicas pela ação do tráfego pesado.

Com a evolução da malha viária em todo o mundo, mais o crescimento das cidades, a impermeabilização do solo fez aumentar a frequência e a intensidade dos eventos de inundação intraurbana. Isso levou à procura de técnicas alternativas de drenagem que devolvessem ao solo a capacidade de infiltração anterior à urbanização.

O pavimento permeável ou poroso foi inicialmente empregado na França, nos anos 1945-1950, porém sem muito êxito, pois, na época, a qualidade do ligante asfáltico se apresentava heterogênea e de pouca trabalhabilidade, não sustentando as ligações da estrutura por causa do excesso de vazios. Foi novamente utilizado vinte anos mais tarde, no final dos anos 1970, quando alguns países como a França, os Estados Unidos, o Japão e a Suécia voltaram a se interessar pelo pavimento poroso.

Os principais motivos que levaram à utilização sistemática dos pavimentos permeáveis foram:

- O aumento das superfícies impermeáveis, devido ao rápido crescimento populacional do pós-guerra, que sobrecarregou os sistemas de drenagem existentes, causando frequentes inundações urbanas.
- A drenagem da pista para evitar a formação de poças de água no pavimento, o que aumenta a segurança e o conforto para dirigir durante eventos chuvosos.
- O reduzido nível de emissão de ruídos em comparação com o pavimento convencional, o que ajuda a diminuir a poluição sonora nas cidades.

Nos Estados Unidos, vários estados têm criado leis mudando os objetivos e métodos de drenagem urbana, impondo a máxima infiltração ou armazenamento temporário da água de escoamento superficial. Em certos casos, a água armazenada é conduzida para diversos usos, tais como a irrigação.

Atualmente, em casos específicos, em vez de pavimentos serem construídos de materiais cuidadosamente escolhidos para ser impermeáveis, é recomendável o emprego do pavimento poroso, que deixa a chuva se infiltrar, em vez de escoar. Os pavimentos permeáveis são recomendados principalmente na execução de estacionamentos e vias urbanas com tráfego leve e de baixa intensidade.

Na França, o *Ministère de l'Équipement* lançou, em 1978, um programa de pesquisas para explorar novas soluções para a diminuição das inundações. Dentre essas pesquisas, o pavimento permeável, também chamado pavimento com estrutura-reservatório, destacou-se como uma das soluções mais interessantes graças à sua facilidade de integração ao ambiente das cidades. Desde então, o pavimento permeável passou a ser objeto de pesquisas e experimentações, de forma que foi alcançado um domínio da técnica e suas vantagens. O pavimento permeável passou, então, por um importante desenvolvimento industrial, iniciado em 1987, e é hoje amplamente utilizado em vias, calçadas, praças etc.

No Japão, o pavimento permeável é integrado a programas que incluem todas as técnicas de infiltração. Tais técnicas são utilizadas principalmente nos quarteirões das grandes cidades, em lugares disponíveis e que podem ser inundados, tais como quadras de esporte de universidades, pátios de escolas etc.

Na Suécia, a utilização do pavimento permeável foi incentivada por sua contribuição para a solução de dois outros problemas importantes: (i) a redução do nível freático levou à diminuição da umidade do solo e, consequentemente, ao adensamento do solo argiloso local; (ii) os danos causados pelo gelo no norte da Suécia, onde as rodovias e as canalizações de água pluvial situadas perto da superfície sofrem danos consideráveis cujos reparos exigem grandes despesas. A larga implantação de pavimentos permeáveis interrompeu a redução do nível do lençol freático e reduziu a necessidade de redes pluviais.

Mais recentemente, outros países têm adotado o controle na fonte do escoamento superficial como meta para soluções de problemas em drenagem urbana. Dentre eles a Austrália, que, desde 1996, tem pesquisado as formas de controle na fonte e incorporado as técnicas de pavimentos permeáveis a diversos projetos de loteamentos urbanos, áreas industriais e estacionamentos.

6.2 Tipos de pavimentos permeáveis

Os pavimentos permeáveis também são conhecidos como estruturas-reservatório. Essa denominação se refere às funções realizadas pela matriz porosa de que são constituídos, ou seja:

- Função mecânica, associada ao termo estrutura, que permite suportar os carregamentos impostos pelo tráfego de veículos.
- Função hidráulica, associada ao termo reservatório, que assegura reter temporariamente as águas pela porosidade dos materiais, seguido pela drenagem e, se possível, pela infiltração no solo de subleito.

O funcionamento hidráulico dos pavimentos permeáveis é baseado nos seguintes princípios:

- Entrada imediata da água da chuva no corpo do pavimento. Essa entrada pode ser feita de forma distribuída (no caso de revestimentos porosos, que permitem a infiltração da água) ou localizada (por meio de drenos laterais ou bocas de lobo).
- Estocagem temporária da água no interior do pavimento, nos vazios da camada reservatório.
- Evacuação lenta da água, que é feita por infiltração no solo, liberação para a rede de drenagem ou uma combinação das duas formas.

Com base nesses princípios, os pavimentos permeáveis podem ser divididos em quatro tipos, conforme ilustrado na Fig. 6.1.

O pavimento pode possuir revestimento drenante ou impermeável, e, ainda, ter a função de infiltração ou apenas de armazenamento.

No caso do pavimento com saída por exutórios (Fig. 6.1, C e D), propõe-se que a água armazenada no reservatório seja reutilizada para fins não potáveis, em vez de ser simplesmente lançada para a rede de drenagem.

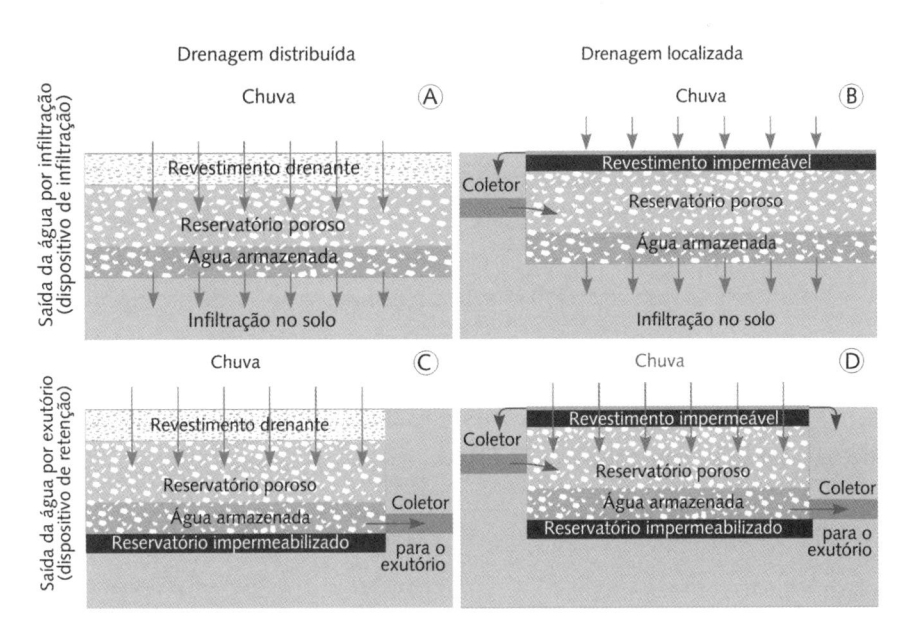

Fig. 6.1 *Exemplo dos diferentes tipos de pavimento com reservatório estrutural*
Fonte: extraído de Azzout et al., 1994.

O projeto de pavimentos permeáveis pode se encaixar em três categorias básicas, a depender do armazenamento da água provido pelo reservatório e da capacidade de infiltração do solo. São elas:

- **Sistema de infiltração total:** O único meio de saída do escoamento é a infiltração no solo. Portanto, o reservatório de material granular deve ser suficientemente grande para acomodar o volume do escoamento de uma chuva de projeto, menos o volume que é infiltrado durante a precipitação. Desse modo, o sistema promove o controle total da descarga de pico, do volume e da qualidade da água, para todos os eventos de chuva de magnitude inferior ou igual à chuva de projeto.
- **Sistema de infiltração parcial:** Nos casos em que o solo não possui boa taxa de infiltração ou o nível do lençol freático é elevado, ele deve ser utilizado. Nesse caso, um sistema de drenagem subsuperficial, que consta de tubos perfurados espaçados regularmente, localizados na parte superior do reservatório de brita, será instalado. O sistema funciona no sentido de coletar o escoamento que não seria contido pelo reservatório de mate-

rial poroso, levando-o para uma saída adequada. Sugere-se que o tamanho e espaçamento da rede de drenagem subsuperficial devam ser dimensionados de modo a receber, no mínimo, uma chuva com período de retorno de dois anos.
- **Sistema de infiltração para controle da qualidade da água:** Esse sistema é utilizado para coletar apenas o fluxo inicial da precipitação, que contém a maior concentração de poluentes. Os volumes em excesso não são tratados pelo sistema, sendo transportados por drenos para um coletor de água pluvial.

A Fig. 6.2 mostra o perfil transversal típico dos três tipos de pavimentos permeáveis descritos.

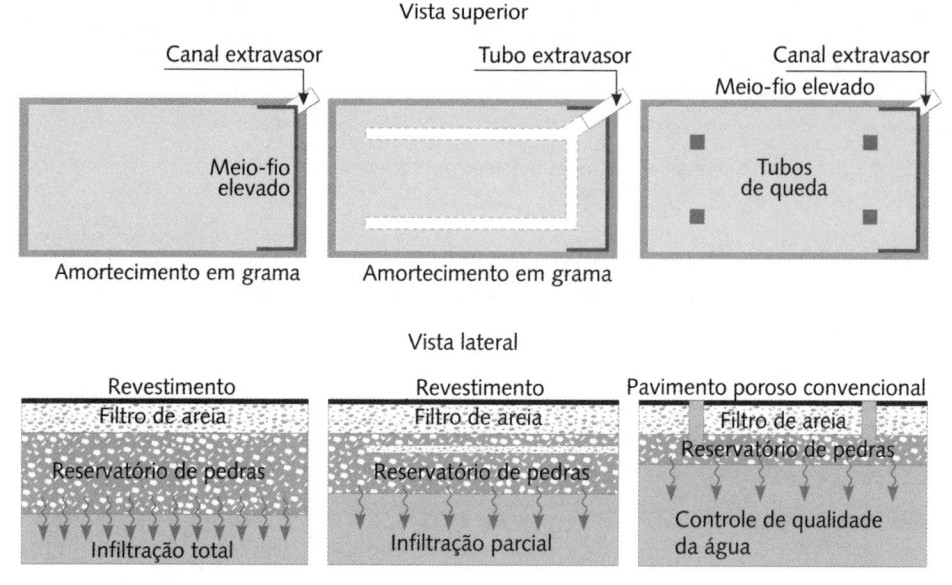

Fig. 6.2 *Esquema dos tipos de pavimentos permeáveis*
Fonte: adaptado de Schueler, 1987.

Quanto ao tipo de revestimento, os pavimentos permeáveis podem ser classificados em três tipos, a saber:
- Revestimento de concreto asfáltico poroso.
- Pavimentos de concreto de cimento Portland poroso.
- Pavimentos com blocos pré-moldados de concreto de cimento Portland vazados e preenchidos com material drenante granular ou areia.

6.3 Vantagens e desvantagens

De forma geral, os pavimentos permeáveis, com seus respectivos dispositivos de infiltração, possuem certas vantagens em relação aos demais sistemas de drenagem. As principais vantagens são:

- A infiltração reduz o volume total de água que entraria na rede de drenagem, diminuindo o risco de inundação nos sistemas a jusante.
- Os dispositivos de infiltração podem ser usados onde não há rede de drenagem que possa absorver o escoamento proveniente do empreendimento.
- Ao controlar o escoamento superficial na fonte, os dispositivos de infiltração reduzem os impactos hidrológicos da urbanização.
- Por não sobrecarregar a rede de drenagem, os dispositivos de infiltração evitam dispêndios com a ampliação da rede.
- A infiltração pode ser usada para aumentar a recarga do aquífero quando a qualidade do escoamento superficial não compromete a qualidade da água subterrânea.
- A construção dos dispositivos de infiltração é, normalmente, simples e rápida.
- Os custos em toda sua vida útil podem ser menores que em outros sistemas de drenagem.

Outras vantagens específicas do uso de pavimentos permeáveis são:

- Tratamento da água da chuva por meio da remoção de poluentes.
- Diminuição da necessidade de meio-fio e canais de drenagem.
- Aumento da segurança e conforto em vias, pela diminuição de derrapagens e ruídos.
- É um dispositivo de drenagem que se integra completamente à obra, não necessitando de espaço exclusivo para ele.

O uso do pavimento permeável, porém, pode ser restrito: em regiões de clima frio, devido ao entupimento e trincamento pelo congelamento; em regiões áridas, devido à alta amplitude térmica; em regiões com altas taxas de erosão, devido ao vento, em face do grande acúmulo de sedimentos na superfície; e em áreas de recarga de aquíferos elevados.

A utilização do pavimento permeável é restrita, requerendo solos permeáveis profundos (no caso do sistema de infiltração total), tráfego leve e o uso de terrenos adjacentes.

Algumas desvantagens específicas dos pavimentos permeáveis incluem:

- Pouco conhecimento e imperícia com relação à aplicação da tecnologia.
- Tendência do pavimento poroso a se tornar obstruído se inapropriadamente instalado ou conservado.
- Risco de falha considerável no pavimento poroso devido à colmatação ou má construção.
- Risco de contaminação do aquífero, dependendo das condições do solo e de sua suscetibilidade nas imediações.

6.4 Critérios de projeto e dimensionamento

A concepção de projeto dos pavimentos permeáveis é decisiva para seu bom funcionamento. Um projeto bem elaborado leva a um sistema mais funcional, de menor custo e que minimizará problemas futuros.

O estudo de viabilidade que normalmente antecede o projeto deve permitir verificar se o pavimento permeável é a alternativa de controle na fonte mais adequada para as condições do local de implantação. Caso positivo, o estudo ajuda na escolha do tipo de estrutura de reservatório que deve ser usada no pavimento.

A Fig. 6.3 mostra um fluxograma com os principais requisitos que devem ser observados para determinar a adequação do pavimento permeável à situação em estudo. Tais requisitos referem-se principalmente às condições do solo subjacente, ao lençol freático local e à carga difusa de finos e poluentes que serão levadas para o pavimento.

Observe que o fluxograma da figura não é determinante, sendo apenas um guia para auxílio na tomada de decisão, porque ainda são feitos estudos da aplicação de pavimentos permeáveis em solos argilosos e de baixa permeabilidade.

Os conceitos e critérios de dimensionamento hidráulico dos pavimentos permeáveis são os mesmos empregados no estudo do sistema de drenagem subsuperficial, ou seja, a controle do fluxo de entrada e saída de água e o convívio com a ação da umidade excessiva durante sua permanência no interior da estrutura do pavimento.

```
• O solo do subleito é impermeável ou pouco propício à infiltração?
• O lençol freático está abaixo do nível do pavimento?
• O risco de poluição (por finos ou poluentes) é importante?
• O local está em uma zona de recarga regulamentada?
```

SIM — para pelo menos uma pergunta → A infiltração não é propícia para o solo do subleito

NÃO — para todas as perguntas → A infiltração é propícia para o solo do subleito

Existe ou pode ser criado um exutório no local? — NÃO → A técnica não é apropriada para o caso

SIM ↓

• A entrada de finos provenientes das superfícies drenantes é significativa?
• A superfície será submetida a tráfego pesado?

SIM — para pelo menos uma pergunta → Uso do pavimento com reservatório e superfície impermeável

NÃO — para todas as perguntas → Uso do pavimento com reservatório e superfície permeável

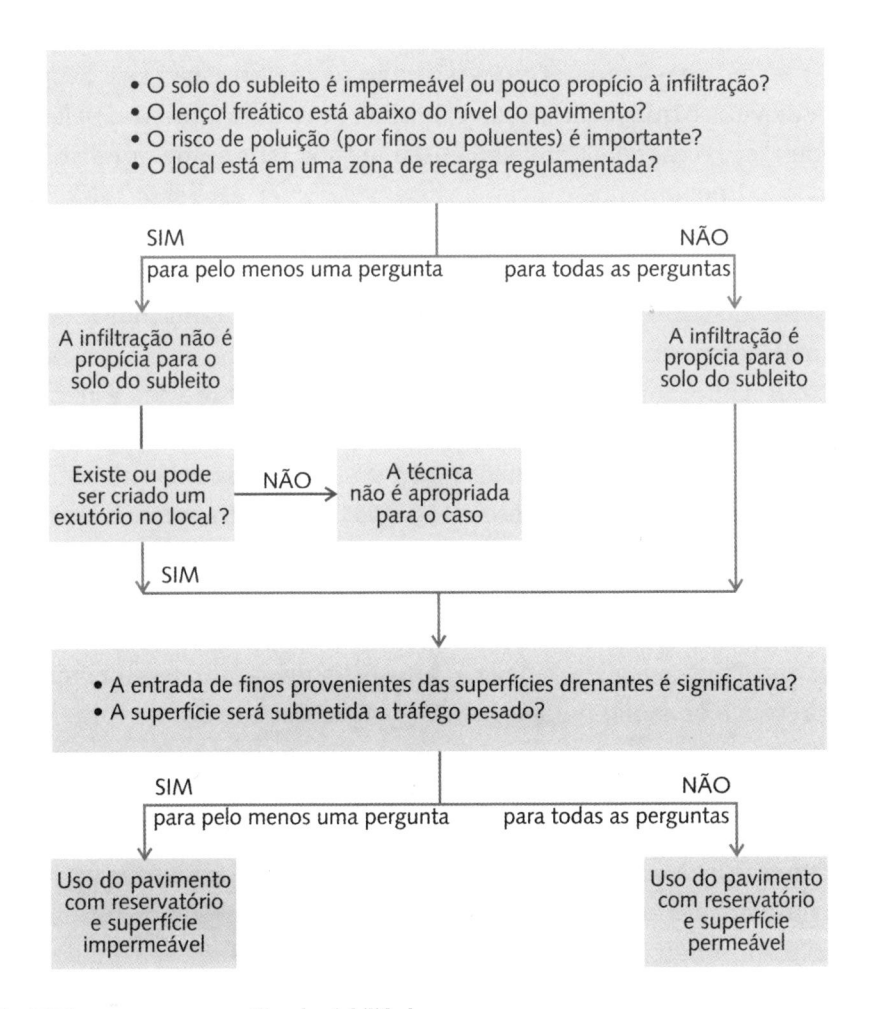

Fig. 6.3 *Fluxograma para análise de viabilidade*
Fonte: adaptado de Azzout et al., 1994.

6.5 Revestimentos asfálticos drenantes

Visando minimizar a infiltração de água pela base, melhorar as condições de segurança quanto aos fenômenos de derrapagem e aquaplanagem, bem como reduzir o nível de ruído provocado pela ação do tráfego, desde a década de 1980 começaram a ser empregados no país revestimentos ditos drenantes, que apresentam elevado teor de vazios na mistura.

Esse tipo de revestimento consiste numa mistura asfáltica com alto índice de vazios que torna possível a infiltração e escoamento pela própria camada, reduzindo, consequentemente, a lâmina de água sobre a superfície. Inicialmente concebidos para resolver aspectos relativos à segurança, os revestimentos drenantes apresentaram também boa capacidade de redução dos ruídos provocados pelos pneus dos veículos, minimizando o impacto ambiental sofrido pela vizinhança nas rodovias próximas dos perímetros urbanos.

No Brasil, a mistura asfáltica drenante mais conhecida é denominada Camada Porosa de Atrito – CPA –, cujas características estão descritas na especificação DNER-ES 386/99, do DNIT. Essa mistura asfáltica a quente apresenta, normalmente, 18% a 25% de vazios preenchidos com ar, em função das pequenas quantidades de fíler, de agregado miúdo e de ligante asfáltico.

Recomenda-se o emprego de asfalto modificado por polímero, ligante com baixa suscetibilidade e alta resistência ao envelhecimento pela presença de água, para aumentar a durabilidade da mistura, reduzir a desagregação e melhorar a aderência com a camada.

Preferencialmente, a camada subjacente de apoio é impermeável para minimizar a infiltração de água no interior da estrutura do pavimento, ressaltando-se a necessidade de se manter as bordas laterais livres para a saída de água, devido à relativa elevada permeabilidade do material.

Existem relatos de inúmeras aplicações no país desse tipo de material como camada de rolamento com espessuras variando de 3 cm a 5 cm, com a finalidade precípua de melhorar as condições de aderência pneu-pavimento nos dias de chuva, proporcionando redução nas distâncias de frenagem e estabilidade dos veículos trafegando nas curvas de pequeno raio.

Outras características importantes desse tipo de revestimento são a redução da pulverização de água na frente do veículo e redução da reflexão da luz dos faróis no período noturno, aumentando sensivelmente a distância de visibilidade, principalmente nas rodovias de pista simples.

Nos Estados Unidos, as misturas asfálticas porosas com a finalidade de minimizar os problemas de aderência nos pavimentos têm recebido a designação de *open-graded friction course* – OGFC. No entanto, esse tipo de material tem sido utilizado com espessuras muito delgadas, voltando-se mais aos problemas de atrito que às questões de drenabilidade e acústica.

Nos países europeus, o concreto asfáltico drenante tem sido aplicado com espessuras da ordem de 4 cm a 5 cm, sobre misturas densas, possuindo índice de vazios maior que 20%, objetivando melhorar as condições de segurança relacionadas aos fenômenos de derrapagem e aquaplanagem, além de melhoria nas condições de visibilidade ao condutor.

As características de permeabilidade desses materiais dependem, fundamentalmente, do volume de vazios, da existência de brechas na composição granulométrica (*gap*) e da forma e magnitude em que os poros estão interligados na mistura.

De acordo com dados bibliográficos, a permeabilidade das misturas asfálticas drenantes ensaiadas em laboratório está situada na faixa de valores entre 0,2 cm/s e 1 cm/s. Os valores de módulo de resiliência das misturas asfálticas drenantes têm sido ligeiramente inferiores aos valores das misturas densas convencionais. Quanto à redução dos níveis de ruído, as misturas porosas têm capacidade de absorção da ordem de 3 dB a 6 dB, quando comparados com os concretos asfálticos convencionais.

Um dos principais problemas encontrados em revestimentos drenantes é a colmatação dos poros ao longo da vida útil, comprometendo gradativamente as funções de permeabilidade, de redução de ruído e do coeficiente de atrito.

Para que as propriedades intrínsecas da mistura drenante sejam mantidas ao longo do tempo, é necessário efetuar seu monitoramento, e, caso necessário, realizar manutenção periódica com equipamentos apropriados, embora não haja ainda um consenso sobre o melhor tipo e procedimento de limpeza dos poros.

Não é recomendado o emprego de revestimentos drenantes sobre superfícies sujas e em locais sujeitos a grandes esforços tangenciais, tais como rampas acentuadas, faixas de mudança brusca de velocidade e interseções rodoviárias, devido à possibilidade de desagregação pelo esforço de cisalhamento.

Nos casos de restauração de pavimento, é importante salientar que, em vista da espessura delgada, sua contribuição estrutural é praticamente nula, onerando, às vezes, esse tipo de solução.

Drenagem de pavimentos ferroviários 7

Normalmente, define-se na literatura técnica a superestrutura ferroviária ou via permanente como sendo o conjunto de elementos que fica apoiado sobre o subleito, ou infraestrutura. É constituído pelos trilhos, dormentes, lastro e sublastro.

Em vista da similaridade de função e comportamento, e como alguns autores consideram, empregou-se neste capítulo o termo *pavimento ferroviário* para a superestrutura, uma vez que recebe os impactos das cargas do tráfego, distribui convenientemente os esforços ao subleito e está sujeito às ações das intempéries.

Alguns trabalhos consideram, também, o emprego de uma camada de reforço do subleito, o que faz confundir ainda mais o limite a ser adotado para a interface entre a infra e a superestrutura ferroviária.

O lastro tem a função de manter os trilhos e os dormentes nas posições requeridas, receber e transmitir convenientemente os esforços verticais, transversais e longitudinais para as camadas subjacentes, além de atenuar o ruído e a vibração causada pela passagem dos trens.

Ele deve possuir vazios para acomodar materiais finos de inevitável contaminação, permitir a movimentação dessas partículas sem que a resiliência da camada seja prejudicada e evitar que ocorra o desenvolvimento de qualquer tipo de vegetação.

O material destinado ao lastro deve ter elevada capacidade drenante para facilitar o rápido escoamento da água pluvial infiltrada, além de permitir a recomposição da geometria da via férrea no caso de serviços de conservação e manutenção, principalmente por equipamentos mecânicos.

Para desempenhar adequadamente todas essas funções, o material do lastro deve ser constituído de pedra britada, uniforme, de formato angular, resistente à abrasão e mantido sempre limpo.

Um dos processos danosos e relevante no comportamento da via é a ocorrência da contaminação do lastro, que pode ser causada por um dos seguintes motivos:

- Quebra do lastro por manuseio na pedreira, no transporte ou durante a aplicação; por ações das cargas cíclicas do tráfego; por socaria; e pela atuação do intemperismo.
- Infiltrações pela superfície de material pulverulento, originadas pelas cargas de granéis do trem, trazidas pelo vento e pela movimentação do pó de pedra proveniente da pedreira conjuntamente com o lastro.
- Abrasão com os dormentes, principalmente de concreto.
- Pela ascensão de finos das camadas subjacentes por ação do bombeamento, devido à deficiência da drenagem subsuperficial.

A superestrutura ferroviária pode ou não contemplar a camada de sublastro. Na ausência dessa camada exige-se um esforço maior nos trabalhos de manutenção, uma vez que o sublastro, além de proteger a camada sobrejacente da intrusão de finos do subleito, trabalha como filtro no caso de ocorrência do fenômeno de bombeamento e melhora as condições de drenagem subsuperficial.

Ressalta-se que o sublastro, além de distribuir e atenuar as cargas de tráfego, uniformiza o suporte da plataforma e minimiza eventual percolação de água do aquífero devido à ascensão capilar.

7.1 Fontes de água

O bom desempenho de uma ferrovia depende, fundamentalmente, das condições de drenagem da plataforma, uma vez que a água livre acumulada na seção pode causar recalques progressivos na linha e a lama formada na fundação pode proporcionar danos ao lastro e à via permanente.

Condições inadequadas de drenagem no leito podem ainda causar erosões e instabilidade geotécnicas nos taludes de corte e de aterro.

Embora haja inúmeras evidências de que uma boa drenagem é fundamental para o desempenho do sistema ferroviário, esse assunto ainda é normalmente negligenciado, tanto nas fases de projeto como de manutenção da via.

As principais razões pelas quais as questões da drenagem são relegadas a segundo plano são:

- Os problemas da drenagem inadequada normalmente se manifestam abaixo da superfície e tem pouca visibilidade.
- Os trabalhos de drenagem quase sempre podem ser remediados, sem prejudicar a operação inicial dos trens, embora se reconheça que os posteriores desgastes da superestrutura e do material rodante possam refletir em maiores custos de manutenção e de operação.

A água na plataforma ferroviária, conforme ilustrado na Fig. 7.1, pode se originar de três fontes, a saber: precipitação pluviométrica, fluxo superficial proveniente de áreas adjacentes e fluxo de água subterrânea.

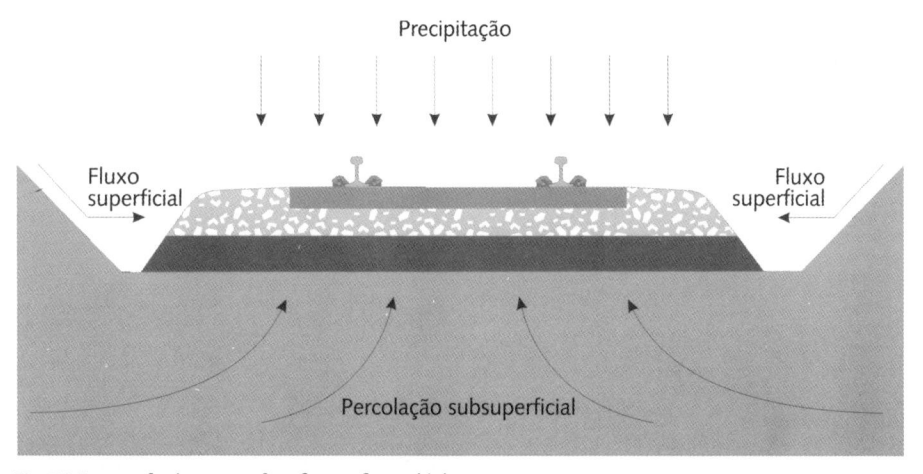

Fig. 7.1 *Fontes de água na plataforma ferroviária*

O sistema completo de drenagem deve resolver os problemas relacionados às três fontes de contribuição. O fluxo superficial, normalmente, está associado aos taludes de corte e deve ser coletado pelas valetas de crista de corte e pelas valetas longitudinais da plataforma, enquanto a percolação subterrânea decorrente da presença do nível de lençol freático elevado deve ser resolvida com a instalação de drenos profundos.

A ênfase maior deste capítulo é o estudo da drenagem subsuperficial proveniente da precipitação de águas de chuva que percolam ou se acumulam nas camadas de lastro e sublastro da plataforma ferroviária.

Os principais aspectos a serem considerados na concepção do sistema de drenagem da plataforma são: perspectiva de contaminação do lastro, graduação do sublastro, declividade transversal da plataforma, profundidade e declividade longitudinal dos drenos laterais e características da precipitação pluviométrica na região. Lembre-se, ainda, de que a água livre que escoa na plataforma é drenada somente pela ação da gravidade e normalmente é submetida a pequeno gradiente hidráulico.

A água da chuva que cai sobre a plataforma deve se infiltrar pelo lastro e escoar transversalmente. Para que isso ocorra, o material do lastro deve ser drenante e limpo e a plataforma deve apresentar declividade adequada.

O excesso de água que atravessa o material de lastro pode ainda ser drenado pelo sublastro, desde que essa camada também apresente características adequadas de transmissividade e de geometria. Assim, o sublastro desenvolve importante função conduzindo a água livre precipitada até as valetas ou drenos rasos longitudinais.

Assim, para garantir uma boa drenagem lateral, é fundamental que os materiais de lastro e sublastro não estejam contaminados com excesso de finos, que a trajetória tenha declividade adequada e que as saídas não sejam bloqueadas.

A água decorrente da precipitação sobre a plataforma que se infiltra pelo lastro deverá ser drenada lateralmente ou parte infiltrada pelo sublastro. Na sequência, a água livre percolará para os drenos laterais ou acabará descendo mais ainda, até atingir o subleito.

A Fig. 7.2 ilustra o esquema mostrando os locais das saídas livres das bordas das camadas de lastro e sublastro, além da necessidade de a cota inferior da camada de sublastro estar acima do nível da água previsto para o funcionamento da valeta transversal.

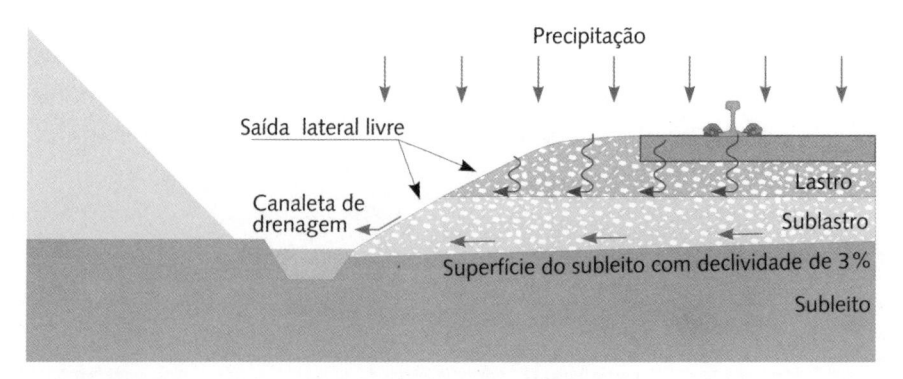

Fig. 7.2 *Drenagem da água precipitada sobre a plataforma ferroviária*

As valetas superficiais deverão ser destinadas a coletar a água proveniente do lastro, sublastro e taludes laterais, enquanto os drenos subsuperficiais serão destinados a drenar a água que percola pelo subleito, além de eventualmente servir de reforço para a drenagem do sublastro.

Os drenos subsuperficiais são, normalmente, apropriados ainda para drenar a água que se acumula no espaço compreendido entre duas vias paralelas e em determinadas situações de ocorrência de inúmeras vias, como nos pátios de manobra. Nesses casos, recomenda-se também a instalação de drenos transversais rasos.

7.2 Problemas da drenagem inadequada

Considerando que a água pode atingir a plataforma de diversas maneiras, o objetivo do sistema de drenagem é procurar manter seco o sistema lastro/sublastro, evitar a redução da resistência ao cisalhamento do material da fundação e a formação de bolsões de lama no subleito, para não contaminar as camadas superiores e prejudicar o desempenho da via.

A degradação da via está associada à deterioração da qualidade de rolamento devido ao desenvolvimento de irregularidades no topo da linha pelas alterações nos alinhamentos horizontal e vertical, agravada, ainda, pelo incremento das cargas cíclicas do tráfego.

As alterações nos alinhamentos em planta e perfil devido aos recalques diferenciais tornam-se críticas quando ocorrem também superelevações variáveis em espaços relativamente curtos, causando balanços e falta de apoio em algumas rodas, o que pode ocasionar até o descarrilamento dos trens.

A falta de contato perfeito e simultâneo das rodas dos trens e vagões proporciona esforços adicionais aos trilhos, aumentando o desgaste do material rodante com reflexos no acréscimo dos custos de operação e manutenção, além de causar ruídos e vibrações desconfortáveis.

Os principais problemas da drenagem inadequada referem-se ao acúmulo de água no subleito, favorecendo a saturação e o fenômeno de bombeamento, causando redução na resistência ao cisalhamento, expulsão de materiais finos, contaminação do lastro, diferença de rigidez na infraestrutura e formação de bolsões vazios ou preenchidos com lama.

Quando o lastro se apresenta contaminado ou quando as saídas laterais se encontram obstruídas, o material do lastro se torna saturado, implicando perda de resistência ao cisalhamento, diminuição na capacidade de suporte e, consequentemente, aparecimento de recalques diferenciais na via.

As Figs. 7.3 e 7.4 mostram, respectivamente, a forma progressiva de ruptura por cisalhamento do subleito pela saturação do material e o esquema de formação de bolsões de lama pelo fenômeno de bombeamento.

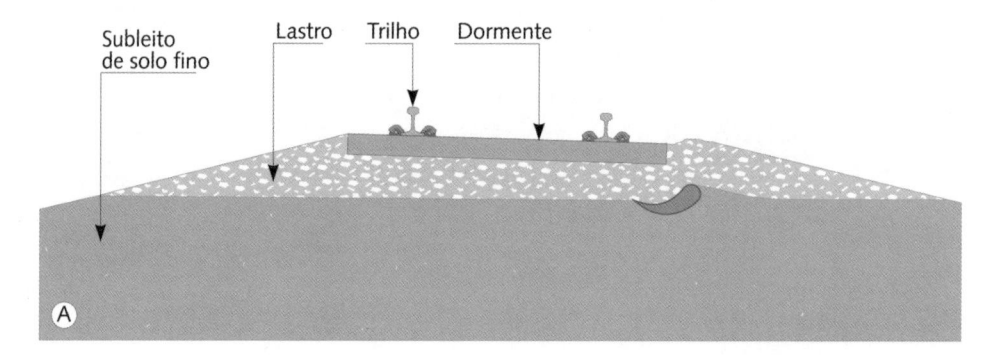

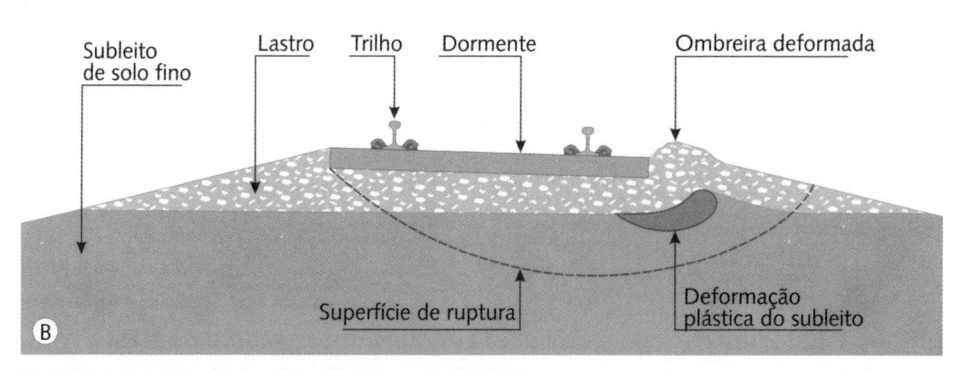

Fig. 7.3 *Ruptura progressiva do subleito por cisalhamento*

Outros modos de ruptura ou degradação do subleito devido às condições de drenagem são:
- ◆ Expulsão e retração do material pela variação de umidade.
- ◆ Deformação plástica do subleito causada pela compactação e consolidação do material devido à diferença de rigidez do conjunto.

7 | Drenagem de pavimentos ferroviários

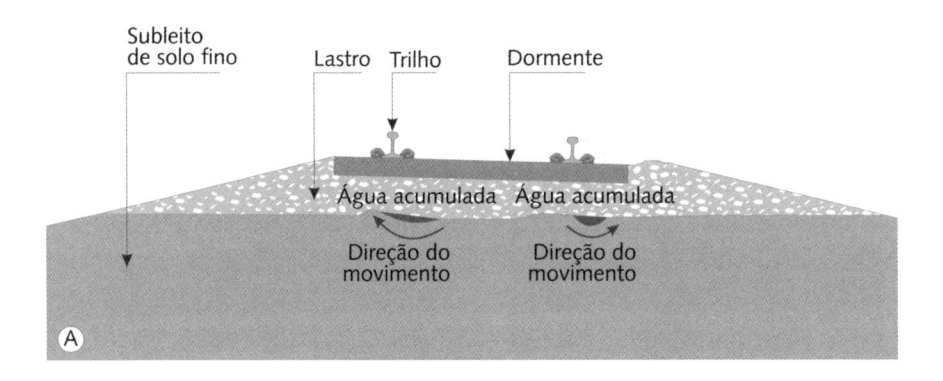

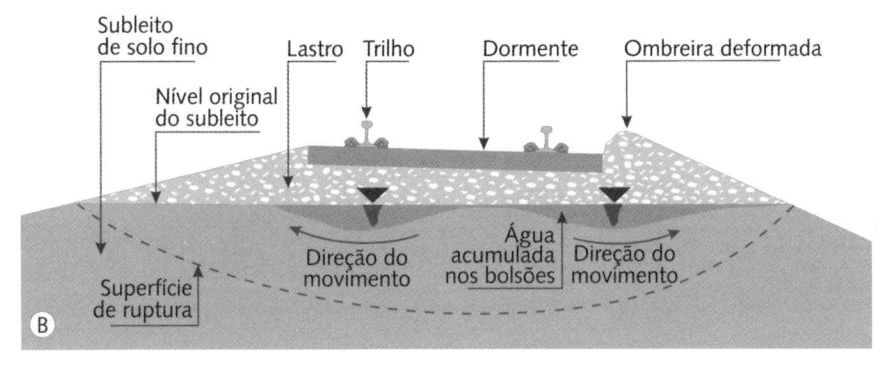

Fig. 7.4 *Formação de bolsões de lama sob o lastro*

- Geração de atrito na interface irregular entre o subleito e a camada de lastro/sublastro.

A Fig. 7.5 mostra o lastro em estágio avançado de contaminação.

7.3 Recomendações de projeto

7.3.1 Quanto às condições de permeabilidade e de filtro dos materiais

Fig. 7.5 *Lastro contaminado*

Para que a plataforma ferroviária apresente bom desempenho é fundamental que o material de lastro tenha granulometria adequada, seja limpo, resistente e permeável para permitir a rápida saída das águas pluviais precipitadas sobre ela.

O lastro deve ser constituído de pedra britada dura, de formato cúbico, para proporcionar elevado atrito e intertravamento entre grãos para manter os trilhos livres de grandes movimentações.

A Tab. 7.1 mostra algumas faixas granulométricas de materiais recomendados pela AREMA (2001) para lastro. As faixas 4A e 4 são sugeridas para vias principais, enquanto a faixa 5 é recomendada para áreas de pátios e terminais.

Tab. 7.1 Faixas granulométricas recomendadas para lastro

Faixa	Tamanho nominal (pol)	Porcentagem em peso passando na peneira							
		2 ½"	2"	1 ½"	1"	¾"	½"	³/₈"	Nº 4
4A	2" a ¾"	100	90-100	60-90	10-35	0-10	-	0-3	
4	1 ½" a ¾"		100	90-100	20-55	0-15		0-5	
5	1" a ³/₈"			100	90-100	40-75	15-35	0-15	0-5

Para desempenhar a função de filtro e diminuir o custo total da infraestrutura, a camada de sublastro deve apresentar uma graduação intermediária entre as granulometrias do lastro e do subleito.

A Tab. 7.2 mostra a faixa granulométrica recomendada pela AREMA (2001) para sublastro, quando este é lançado sobre um subleito constituído de argila ou silte argiloso, contendo mais de 85% em peso de material passando na peneira 200.

Tab. 7.2 Faixa granulométrica recomendada para sublastro

	Peneira							
	½"	³/₈"	Nº 4	Nº 10	Nº 20	Nº 40	Nº 100	Nº 200
% em peso passando	100	90	80	70	50	40	20	10

O material do sublastro, além de boa característica mecânica, deve apresentar condutividade hidráulica adequada e ser executado com uma declividade transversal constante entre 3% a 5%.

As saídas laterais das camadas de lastro e sublastro devem estar livres e, preferencialmente, posicionadas a uma cota superior daquela prevista para enchente das valetas longitudinais de drenagem.

O material a ser empregado na camada de sublastro, colocada entre o lastro e o subleito com espessura variando entre 10 cm e 20 cm, deverá atender aos critérios de filtro preconizados por Betram e Terzaghi nas interfaces superior e inferior, para evitar a intrusão e migração de finos causadas pela percolação da água livre, conforme mostrado no Cap. 4.

Na ausência da camada de sublastro, é conveniente verificar a necessidade de colocação de manta ou filtro geossintético para evitar ou minimizar a contaminação do lastro com o material mais fino do subleito.

7.3.2 Quanto à drenagem subsuperficial

Se o material de lastro estiver limpo, a água precipitada da chuva fluirá num regime turbulento até atingir o sublastro, que, dependendo do grau de umidade retido, levará um tempo para ficar completamente saturado. A partir desse instante, o fluxo entrará em regime estável, com característica de escoamento laminar, caso a precipitação tenha duração e intensidade que conduza a uma vazão compatível para essa situação.

Caso o lastro esteja com certo grau de contaminação, o fluxo de água já assume características diferentes na camada superior antes de a precipitação atingir a camada de sublastro.

Em virtude da diversidade de situações, o estudo teórico da drenagem subsuperficial da plataforma ferroviária é bastante complexo, pois, além de depender da condutividade hidráulica inicial do material, é afetado também pelo nível de contaminação do lastro, do grau de saturação do sublastro e das condições geométricas da declividade transversal nas interfaces subleito/sublastro e sublastro/lastro.

Do ponto de vista de drenagem subsuperficial, é interessante que o material de sublastro apresente níveis de saturação relativamente baixos durante grande parte do tempo, uma vez que poderá se deformar excessivamente ou mesmo liquefazer-se em condição saturada e sob ação de cargas cíclicas. Nessas circunstâncias, a camada de sublastro não desempenhará a função de distribuir adequadamente as cargas para o subleito e contribuirá para a rápida degradação da via.

Para a drenagem da camada de sublastro são recomendados dois critérios de projeto propostos pela FHWA e utilizados para materiais granulares em pavimentos rodoviários, a saber:

- Critério 1: Cálculo da transmissividade da camada – determinação de espessura da camada para que o material fique apenas parcialmente saturado.
- Critério 2: Tempo de drenagem – verificação do tempo para que o material seja drenado em certo nível de saturação, após o término da precipitação.

Critério 1 – Cálculo da transmissividade da camada

Nesse critério, procura-se garantir que o material de sublastro não fique totalmente saturado, e, consequentemente, altamente resiliente ou em estado de liquefação sob a ação da precipitação de projeto.

O grau de saturação é definido como a porcentagem da espessura da camada que é atingida pela linha do fluxo de água, conforme mostrado na Fig. 7.6.

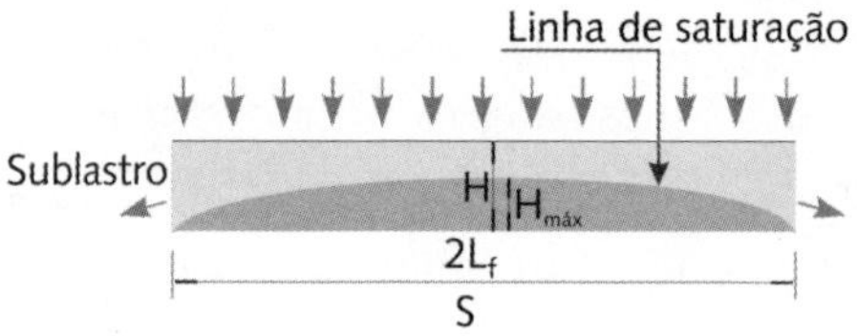

Fig. 7.6 *Porcentagem de drenagem para sublastro parcialmente saturado*

$$U = 100 \cdot \left(1 - \frac{H_{máx}}{H}\right) \quad (7.1)$$

onde:

U = Porcentagem de drenagem

H = Espessura total da camada

De maneira simplificada, considerando a equação de Darcy para escoamento em meios porosos e o modelo de fluxo instável proposto por Casagrande e Shannon (1952), pode-se chegar à seguinte expressão:

$$\frac{q_i}{k} = 0,75 \cdot \left(\frac{H_{máx}}{L_f}\right) \cdot \left(S_R + \frac{H_{máx}}{L_f}\right) \quad (7.2)$$

onde:

q_i = Precipitação de projeto

k = Coeficiente de permeabilidade do material do sublastro

$\frac{q_i}{k}$ = Número adimensional, considerando a drenabilidade do material

$H_{máx}$ = Altura máxima do fluxo

L_f = Extensão da linha de fluxo

S_R = Declividade da camada ao longo da linha de fluxo

Considerando que a variação de declividade transversal (S_x) afeta muito pouco os resultados de cálculo da espessura, para determinadas faixas de valores de relação q_i/k pode-se empregar a expressão abaixo, ou o gráfico mostrado na Fig. 7.7, para o dimensionamento hidráulico da camada de sublastro, admitindo-se para simplificação a declividade igual a 0% e diversas porcentagens de drenagem.

$$\frac{q_i}{k} = 0{,}75 \cdot \left[\left(\frac{H_{máx}}{L_f}\right) \cdot (1-U)\right]^{-2} \quad (7.3)$$

Exemplo 7.1 *Cálculo da permeabilidade do sublastro*
Dados:
Declividade resultante: $S_R = 0\%$
Largura da plataforma: $L_f = 2{,}4$ m e $4{,}8$ m
Espessura do sublastro: $H_d = 0{,}15$ m
Precipitação de projeto: $q_i = 104$ mm/h e 145 mm/h
Porcentagem de drenagem: $U = 90\%, 50\%, 10\%, 0\%$
Pede-se:
Permeabilidade do material k para as diversas situações de projeto.
Solução:

$$k = q_i \cdot 3{,}7037 \cdot 10^{-5} \cdot \left[\left(\frac{H}{L}\right) \cdot (1-U)\right]^{-2}$$

Os resultados são mostrados na Tab. 7.3.

Critério 2 – Tempo de drenagem
Nesse critério, admite-se que o sublastro fica saturado e determina-se o tempo de drenagem necessário para o material atingir um determinado nível de saturação, após cessada a precipitação.

Drenagem subsuperficial de pavimentos

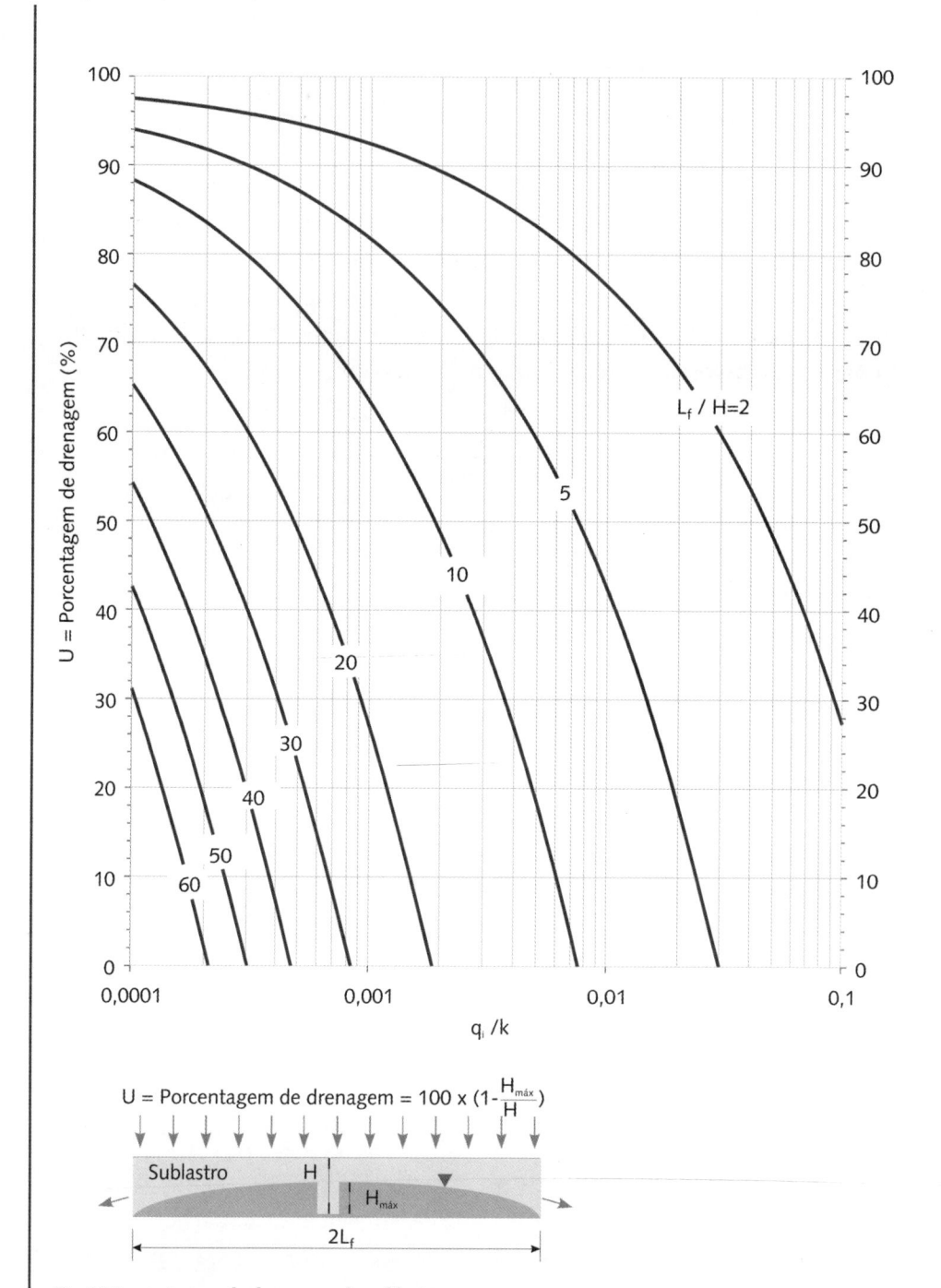

$$U = \text{Porcentagem de drenagem} = 100 \times \left(1 - \frac{H_{máx}}{H}\right)$$

Fig. 7.7 *Porcentagem de drenagem do sublastro*

Tab. 7.3 Permeabilidade requerida para o sublastro em função da porcentagem de drenagem

Precipitação de projeto – q_i (mm/h)	% de drenagem U	Permeabilidade requerida k (cm/s)	
		L = 2,4 m	L = 4,8 m
104	90	98,6	394,4
104	50	3,9	15,8
104	10	1,2	4,9
104	0	1,0	3,9
145	90	137,5	549,9
145	50	5,5	22,0
145	10	1,7	6,8
145	0	1,4	5,5

O procedimento de cálculo utilizado é o mesmo recomendado pela FHWA para estudo de bases granulares de pavimentos rodoviários, conforme apresentado no Cap. 4.

Tendo em vista o tipo de distribuição e frequência das cargas ferroviárias, normalmente se calculam os tempos para se atingir 50% e 90% de saturação do material. No entanto, não são definidas faixas de valores para classificar a qualidade de drenagem da plataforma.

A seguir, apresentam-se exemplos de cálculo dos tempos de drenagem de acordo com a metodologia mostrada no Cap. 3.

Exemplo 7.2 *Cálculo do tempo de drenagem*

Dados:

Declividade resultante: $S_R = 0\%$

Largura da plataforma: $L_f = 2,4$ m

Espessura do sublastro: $H_d = 0,15$ m

Coeficiente de permeabilidade: $k_d = 60$ m/dia

Porosidade efetiva: $N_e = 0,09$

Porcentagem de drenagem: U = 50%

Pede-se:

Tempo de drenagem, $t_d = t_{50}$

Solução:
Cálculo do fator m:

$$m = \frac{N_e \cdot L_R^2}{k \cdot H_d} = \frac{0{,}09 \cdot 2{,}4^2}{60 \cdot 0{,}15} \rightarrow m = 0{,}058$$

Cálculo do fator de declividade S_1:

$$S_1 = \frac{L_R \cdot S_R}{H} = \frac{2{,}4 \cdot 0}{0{,}15} \rightarrow S_1 = 0$$

Cálculo do fator tempo – conforme Fig. 3.4:

$$\left.\begin{array}{l} S_1 = 0 \\ U = 0{,}5 \end{array}\right\} \xrightarrow{\text{Fig. 3.4}} T = 0{,}6$$

Cálculo do tempo de drenagem:
$t_{50} = T \cdot m \cdot 24$
$t_{50} = 0{,}6 \cdot 0{,}058 \cdot 24$
$\rightarrow t_{50} = 0{,}83$ h

Exemplo 7.3 *Cálculo do tempo de drenagem*

Pede-se para calcular os tempos de drenagem para se atingir 50% e 90% de saturação do sublastro com espessura de 0,15 m, largura de plataforma de 2,4 m, declividades transversais de 0% e 2% e coeficientes de permeabilidades de 60 m/dia e 6 m/dia.

Solução:

Tab. 7.4 Tempo de drenagem

Sublastro	k (m/dia)	N_e	Tempo de drenagem (h)			
			U = 50%		U = 90%	
			S = 0%	S = 2%	S = 0%	S = 2%
1	60	0,09	0,8	0,6	6,9	3,5
2	6	0,09	8,0	6,0	69	35

7.4 Aspectos relativos à limpeza de lastro

É desejável que um lastro novo contenha pouca quantidade de finos em sua composição granulométrica. Entretanto, sua contaminação pode ocorrer em vista da quebra dos agregados pela solicitação acumulada do tráfego, infiltração de sujeira pela superfície, desgaste devido ao atrito com os dormentes, principalmente de concreto, e intrusão de materiais finos provenientes das camadas subjacentes, pela drenagem subsuperficial inadequada da plataforma.

Ressalta-se que alguns órgãos ferroviários recomendam a troca do lastro quando apresentar 30% de materiais finos, em peso, com diâmetro dos grãos inferiores a 22,4 mm.

Em condições de umidade elevada, com o lastro contaminado e sem uma drenagem eficiente, o processo de migração de lama e de finos será contínuo, afetando o desempenho da via em vista da perda de elasticidade do material granular, ocorrência de recalques diferenciais, deformações permanentes no subleito e consequentes alterações na geometria da linha, redução na velocidade operacional dos trens, além de aumento nos custos de operação e manutenção da via.

O efeito da poluição do lastro varia conforme o tipo de material contaminante. Quando se trata de contaminação por partículas com granulometria de areia ou superior, há tendência de acréscimo de resistência ao cisalhamento e aumento de rigidez, gerando deformações permanentes menores, dependendo do grau de preenchimento dos vazios existentes no esqueleto formado pelos grãos maiores. Nesse caso, o lastro tende a diminuir sua resiliência.

Quando a contaminação se dá pela presença de finos argilosos e siltosos em grande quantidade, há dificuldade para as operações de socaria; se o material contaminante estiver com baixa umidade, o lastro endurecerá, podendo cimentar em alguns casos; se o material estiver saturado, os contatos entre os grãos ficarão lubrificados e a efetividade da socaria também diminuirá. Nesse caso, tendem a acontecer deformações maiores, tanto resilientes quanto permanentes.

Para avaliação da contaminação granulométrica do lastro, Selig e Waters (1994) apresentaram o *Fouling Index*, FI, Índice de Contaminação, expresso por:

$$FI = P_4 + P_{200} \tag{7.4}$$

onde:

P_4 = Porcentagem em peso de material que passa na peneira 4 (4,75 mm)

P_{200} = Porcentagem em peso de material que passa na peneira 200 (0,074 mm)

A classificação do lastro quanto ao grau de contaminação proposto é mostrada na Tab. 7.5. A tabela indica, também, uma estimativa de valores de condutividade hidráulica determinados por Parsons (1990) com base em ensaios de laboratório utilizando permeâmetros de carga variável e assumindo válida a equação de Darcy para escoamento em meio poroso saturado.

Tab. 7.5 Classificação do lastro

Índice de contaminação FI	Característica do lastro	Condutividade hidráulica (cm/s)
0 < FI < 1	limpo	5,0 – 2,5
1 < FI < 10	razoavelmente limpo	$2,5 - 2,5 \times 10^{-1}$
10 < FI < 20	moderadamente contaminado	$2,5 \times 10^{-1} - 1,5 \times 10^{-1}$
20 < FI < 40	contaminado	$1,5 \times 10^{-1} - 5,2 \times 10^{-4}$
FI > 40	altamente contaminado	$< 5,2 \times 10^{-4}$

Além da troca de lastro quando contaminado (FI > 20), para que a camada permita rápido escoamento da água infiltrada é fundamental que seja mantida uma declividade transversal em toda a plataforma, garantida livre a saída lateral pelas camadas granulares e que a seção transversal seja esgotada adequadamente por meio de drenos ou valetas longitudinais devidamente dimensionados hidraulicamente.

Exemplos de cálculo de dimensionamento do sistema de drenagem subsuperficial

8

Para consolidação dos conceitos e procedimentos mostrados nos capítulos anteriores são apresentados a seguir fluxogramas dos parâmetros de projeto envolvidos e exemplos numéricos de cálculo de dimensionamento.

Especificamente para o critério de Cedergren, é apresentado um roteiro prático para dimensionamento, que pode ser empregado para regiões em que a precipitação de projeto se situa por volta de 40 mm/h, como é o caso da Região Metropolitana de São Paulo.

8.1 Método de Cedergren

8.1.1 Fluxograma de dimensionamento

Na sequência, a Fig. 8.1 apresenta um fluxograma com os parâmetros de projeto e a principal formulação utilizada.

8.1.2 Exemplo de cálculo

Aplicação em pavimento de concreto de cimento Portland

Considerando impossível a perfeita impermeabilização do pavimento rígido, a concepção proposta por Cedergren preconiza uma camada drenante no pacote estrutural e uma linha de drenos longitudinais que serão responsáveis pelo encaminhamento e retirada das águas, garantindo o bom comportamento dos materiais das camadas subjacentes, suscetíveis à ação da água por saturação.

Para uma rodovia de pistas divididas com duas faixas de tráfego por sentido, com declividade transversal de 2% em tangente e declividade longitudinal de 1%, tem-se, conforme Fig. 8.2:

Drenagem subsuperficial de pavimentos

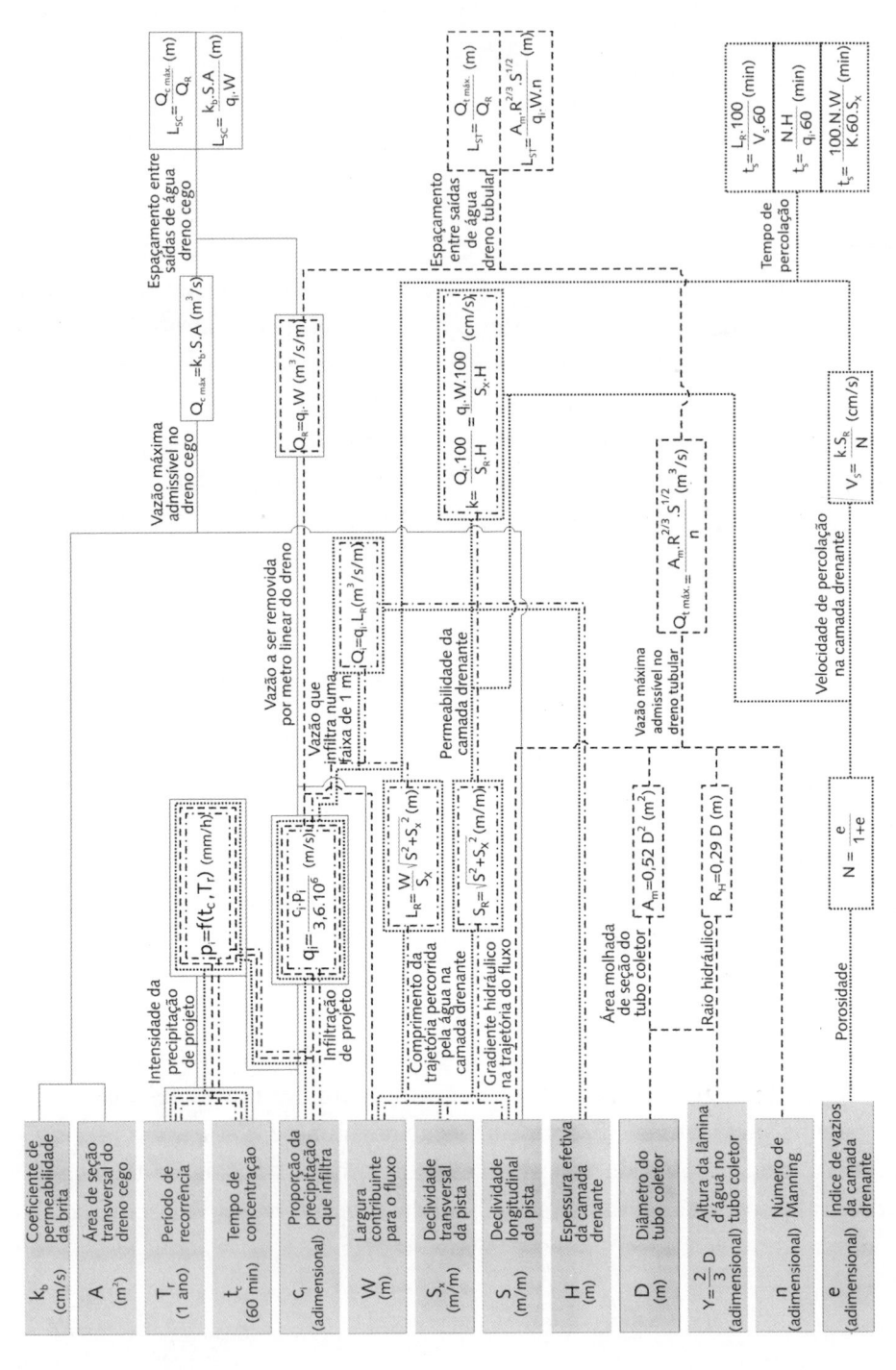

Fig. 8.1 Fluxograma de dimensionamento – método de Cedergren

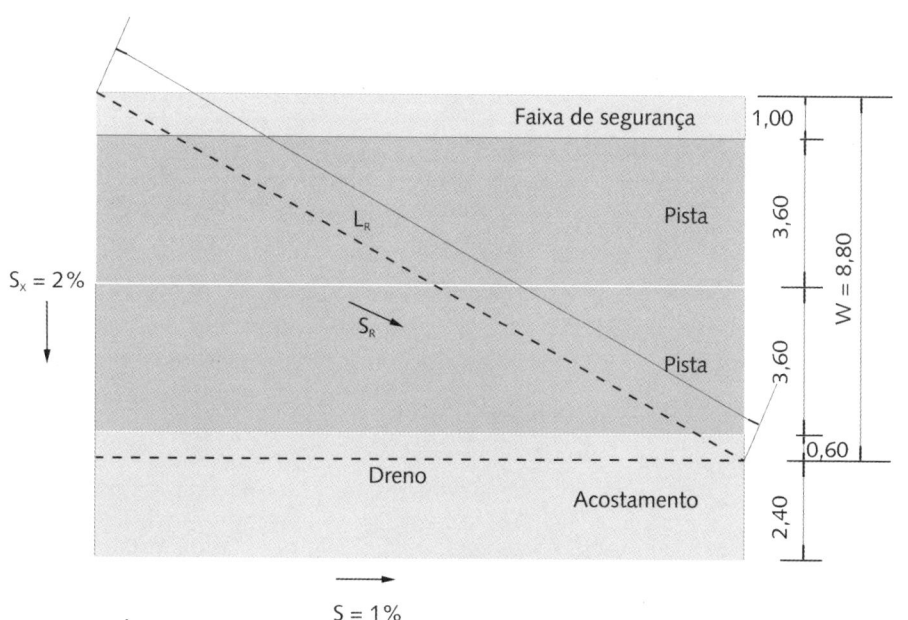

8 | Exemplos de cálculo de dimensionamento do sistema de drenagem subsuperficial

onde:
W = 8,8 m
S_x = 0,02 m/m
H = 0,10 m – espessura da camada drenante (adotada)

Fig. 8.2 *Ilustração de rodovia com dreno*

Cálculo da infiltração de projeto
- Índice pluviométrico
- Equação de chuva
- Período de retorno, T_r = 1 ano
- Tempo de concentração, t_c = 1 hora
- p_i = 40 mm/h
- Coeficiente de infiltração, c_i = 0,50

$$q_i = c_i \cdot p_i = 40 \cdot 0{,}50 \cdot \frac{1}{3{,}6 \cdot 10^4} = 5{,}56 \cdot 10^{-4} \text{ cm/s}$$

Cálculo da permeabilidade necessária

$$k = \frac{q_i \cdot W}{H \cdot S_x} = \frac{5{,}56 \cdot 10^{-4} \cdot 8{,}8 \cdot 10^2}{10 \cdot 0{,}02} = 2{,}44 \text{ cm/s}$$

A camada permeável com 10 cm de espessura efetiva (H) deverá ter coeficiente de permeabilidade (k) da ordem de 2,44 cm/s. Lembre-se de que os coeficientes de permeabilidade da BGS e do CCR são da ordem de 10^{-3} cm/s e 10^{-6} cm/s, respectivamente.

Cálculo do tempo de percolação

Admitindo-se que a camada drenante seja composta por material com índice de vazios da ordem de 25%, tem-se:

$$N = \frac{e}{1+e} = \frac{0,25}{1,25} = 0,20$$

$$t_S = \frac{L_R}{v_S} = \frac{100 \cdot N \cdot W}{k \cdot 60 \cdot S_x} = \frac{100 \cdot 0,20 \cdot 8,8}{2,44 \cdot 60 \cdot 0,02} = 60,1 \min$$

Cálculo do espaçamento entre saídas do dreno raso longitudinal

a] Alternativa com dreno tubular: $\frac{y}{D} = \frac{2}{3}$

$$L_s = \frac{Q}{q_d} = \frac{A_m \cdot R_H^{2/3} \cdot S^{1/2} \cdot 100}{q_i \cdot W \cdot n}$$

$\frac{y}{D} = \frac{2}{3}$ – lâmina d'água e D = 0,10 m

$A_m = 0,5562 \cdot D^2 = 0,5562 \cdot 0,10^2 = 5,56 \cdot 10^{-3}$ m²

$R_H = 0,2911 \cdot D = 0,2911 \cdot 0,10 = 2,911 \cdot 10^{-2}$ m

n = 0,015

Para S = 0,01, tem-se:

$$L_s = \frac{5,56 \cdot 10^{-3} \cdot (2,911 \cdot 10^{-2})^{2/3} \cdot 0,01^{1/2} \cdot 100}{5,56 \cdot 10^{-4} \cdot 8,8 \cdot 0,015}$$

$$L_s = 71,70 \text{ m}$$

b] Alternativa com dreno cego:

$$L_s = \frac{Q}{q_d} = \frac{k_b \cdot S \cdot A}{q_i \cdot W}$$

$k_b = 0,25$ m/s – brita 3
$A = 0,25 \cdot 0,35 = 0,0875$ m²

$$L_s = \frac{0,25 \cdot 0,01 \cdot 0,0875}{5,56 \cdot 10^{-6} \cdot 8,8}$$

$$L_s = 4,5 \text{ m}$$

8.1.3 Roteiro de dimensionamento

Apresenta-se, a seguir, um roteiro para o dimensionamento do sistema de drenagem subsuperficial de pavimentos rodoviários. Considera-se o método proposto por Harry R. Cedergren, em 1974, cuja finalidade é a rápida remoção de toda a água que se infiltra pela plataforma pavimentada, de forma a impedir que os pavimentos fiquem saturados em seu interior, e, com isso, se desenvolvam pressões hidrostáticas decorrentes do impacto das rodas.

O roteiro apresentado é recomendado para projeto básico de sistemas de drenagem para pavimentos rodoviários constituídos de camada drenante e drenos longitudinais (cegos ou tubulares).

Para a elaboração, foram adotados alguns parâmetros a fim de facilitar a aplicação do método. Assim, apresenta-se uma forma de determinação expedita da permeabilidade, do tempo de escoamento da água livre infiltrada e do comprimento crítico de drenos cegos e tubulares.

Cálculo da infiltração de projeto (q_i)

De acordo com o Manual de Drenagem de Rodovias do DNIT (2006), o cálculo da infiltração de projeto a ser escoada pela camada drenante do pavimento deve ser efetuado conforme se segue:

- Uma das maiores parcelas de contribuição da água para drenagem subsuperficial é aquela que se infiltra pela superfície do pavimento, proveniente das chuvas.
- Essa contribuição deve ser calculada multiplicando-se a precipitação pluviométrica, ocasionada por uma chuva de duração igual a uma hora e um tempo de recorrência de um ano, por um coeficiente que varia de 0,33 a 0,67, em função do tipo de revestimento do pavimento.

- As águas de infiltração deverão ser conduzidas pelas camadas drenantes do pavimento, desde a entrada até a borda do acostamento ou dreno, em um intervalo de tempo máximo aproximado de uma hora.

Nos pavimentos asfálticos, a taxa de infiltração está compreendida entre 0,33 e 0,50, e nos pavimentos rígidos, está entre 0,50 e 0,67. Para a determinação da infiltração (q_i) dessa metodologia foi adotada a proporção (c_i) de 0,50 e uma precipitação (p_i) de 40 mm/h. Assim:

$q_i = 0,50 \cdot 40 = 20$ mm/h
$q_i = 0,48$ m/dia
$q_i = 5,56 \cdot 10^{-4}$ cm/s $= 5,56 \cdot 10^{-6}$ m/s

Determinação do coeficiente de permeabilidade mínimo e do tempo de remoção da água da camada drenante

A água infiltrada pelo revestimento deverá percolar através da camada drenante de tal forma que sua saturação não seja atingida. Para que isso ocorra, é necessário o controle das características geométricas e geotécnicas da camada, garantindo-se o escoamento por meio dos conceitos da hidráulica dos meios porosos.

De acordo com o método adotado, o fluxo que infiltra através da superfície de pavimento deve escoar pela camada drenante com 1 m de largura e comprimento igual à máxima distância percorrida sob o pavimento por uma partícula de água. Com essa metodologia, é possível conhecer algumas características necessárias para o dimensionamento de sistemas de drenagem, como a permeabilidade, o tempo de percolação, a capacidade máxima de vazão do dreno etc.

Permeabilidade necessária

Para a determinação da permeabilidade mínima (k) da camada drenante aplicando a fórmula de Darcy, o escoamento deve se dar através de uma seção retangular perpendicular à direção do fluxo, com base de 1 m e altura igual à espessura efetiva da camada. Conhecidas a infiltração de projeto (q_i) e as características da pista (H e S_x), pode-se, então, calcular a permeabilidade necessária com base na Eq. 8.1, a seguir:

$$k = \frac{Q_i \cdot 100}{S_R \cdot L_R} = \frac{q_i \cdot W \cdot 100}{S_x \cdot H} \text{ (cm/s)} \qquad (8.1)$$

onde:
k = Permeabilidade da camada, cm/s
Q_i = Vazão que se infiltra numa faixa de 1 m, cm/s
S_R = Gradiente hidráulico na trajetória do fluxo por metro linear, m/m
L_R = Comprimento da trajetória percorrida pela água na camada drenante, m
q_i = Infiltração de projeto, cm/s
W = Largura da plataforma, m
S_x = Declividade transversal da pista, m/m
H = Espessura da camada drenante, cm

A Eq. 8.1 permite a determinação da permeabilidade necessária (k) da camada drenante para diferentes combinações de largura e de declividade da pista e da espessura da camada drenante. Considerando a vazão que se infiltra igual a 5,56.10^{-6} m³/s por metro quadrado, tem-se a Eq. 8.2a.

$$k = 5{,}56 \cdot 10^{-2} \cdot \left(\frac{W}{S_x}\right) \cdot H^{-1} \qquad (8.2a)$$

De forma similar, é possível calcular a espessura efetiva da camada drenante com base na Eq. 8.2b.

$$H = 5{,}56 \cdot 10^{-2} \cdot \left(\frac{W}{S_x}\right) \cdot k^{-1} \qquad (8.2b)$$

Tempo de percolação
O tempo para que toda a água infiltrada seja drenada do pavimento deverá ser inferior a uma hora depois de cessada a precipitação. Essa condição é verificada por meio da relação entre a máxima distância percorrida pelas partículas de água na camada drenante (L_R) na direção do escoamento e a velocidade de percolação (v_s), velocidade real média de escoamento através dos vazios da camada. A expressão para determinação do tempo de drenagem se observa a seguir:

$$t_s = \frac{L_R}{v_s} = \frac{N \cdot H}{q_i \cdot 60} = \frac{100 \cdot N \cdot W}{k \cdot 60 \cdot S_x} \tag{8.3}$$

onde:

t_s = Tempo de percolação, min

N = Porosidade do material

H = Espessura efetiva da camada drenante, cm

q_i = Infiltração de projeto, cm/s

W = Largura da plataforma, m

k = Permeabilidade do material, cm/s

S_x = Declividade transversal, m/m

Adotando-se valores distintos para a permeabilidade e para o índice de vazios igual a 0,25, é possível determinar uma expressão para o tempo de percolação dependente de duas características geométricas da via: a largura e a declividade transversal da pista. Com base nos conceitos expostos, foi elaborado o gráfico da Fig. 8.3, onde são relacionadas essas características geométricas de uma seção transversal qualquer do pavimento, a permeabilidade mínima requerida para a camada drenante e o tempo para a remoção completa da água das estruturas superiores do pavimento. A Eq. 8.4 resume o tempo de percolação para as condições de porosidade e permeabilidade adotadas.

$$t_s = 3{,}33 \cdot 10^{-1} \cdot \left(\frac{W}{S_x}\right) \cdot k^{-1} \tag{8.4}$$

Para a elaboração dos gráficos das Figs. 8.3 e 8.4, foi adotada a infiltração de projeto calculada anteriormente (item *cálculo da infiltração de projeto*).

Determinação dos espaçamentos máximos entre saídas de água

As águas infiltradas pelo pavimento devem ser coletadas por drenos instalados longitudinalmente, interceptados por saídas de água com espaçamentos determinados empregando-se, para o caso dos drenos cegos, formulações hidráulicas de escoamento em meios porosos, e, para o caso de drenos tubulares, formulações de escoamento em condutos livres.

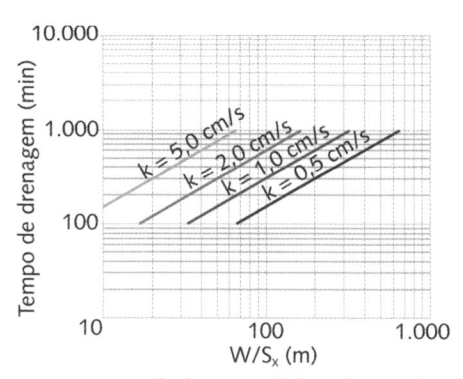

8 | Exemplos de cálculo de dimensionamento do sistema de drenagem subsuperficial

Fig. 8.3 *Tempo de drenagem (t_s) em função de W/S_x e da permeabilidade (k)*

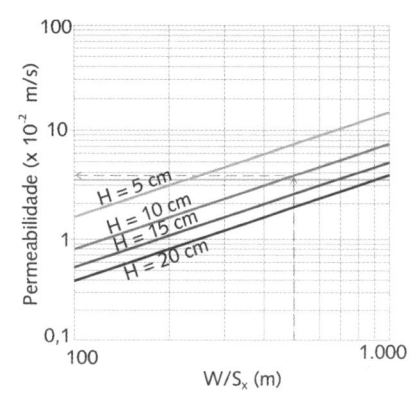

Fig. 8.4 *Permeabilidade necessária (k) em função da espessura da camada drenante (H) e de W/S_x*

A vazão a ser removida (Q_R), por metro linear de dreno, é calculada como sendo a vazão que se infiltra sobre uma superfície retangular do pavimento, com uma das dimensões correspondendo à unidade e a outra correspondendo à largura da faixa pavimentada, cujos influxos contribuem para o dreno longitudinal.

$$Q_R = q_i \cdot W \ (m^3/s/m) \tag{8.5}$$

Independentemente do tipo de dreno longitudinal, os espaçamentos máximos (L_s) entre as saídas de água são obtidos com base na relação entre a vazão máxima admissível no dreno ($Q_{máx}$) e a vazão coletada por metro linear (Q_R), determinada conforme a Eq. 8.6.

$$L_s = \frac{Q_{máx}}{Q_R} \ (m) \tag{8.6}$$

Vazão máxima e espaçamento máximo das saídas para drenos cegos

Para o caso dos drenos cegos, a vazão máxima admissível ($Q_{máx_{CEGO}}$) é calculada por meio da fórmula de Darcy, em função da área da seção transversal do dreno (A), da declividade do escoamento do dreno (S) e do coeficiente de permeabilidade do material drenante (k_b), como se vê na Eq. 8.7.

$$Q_{máx_{CEGO}} = k_b \cdot S \cdot A \ (m^3/s/m) \tag{8.7}$$

Com base nessas considerações, foi elaborado o gráfico apresentado na Fig. 8.5, relacionando a largura de contribuição (W) e a declividade longitudinal (S) da pista para se obter o espaçamento máximo admissível entre saídas de água. Foi avaliada uma solução de dreno longitudinal cego, constituído de brita de 1½" a ¾", com coeficiente de permeabilidade estimado em 25 cm/s e seção transversal de 35 cm x 25 cm.

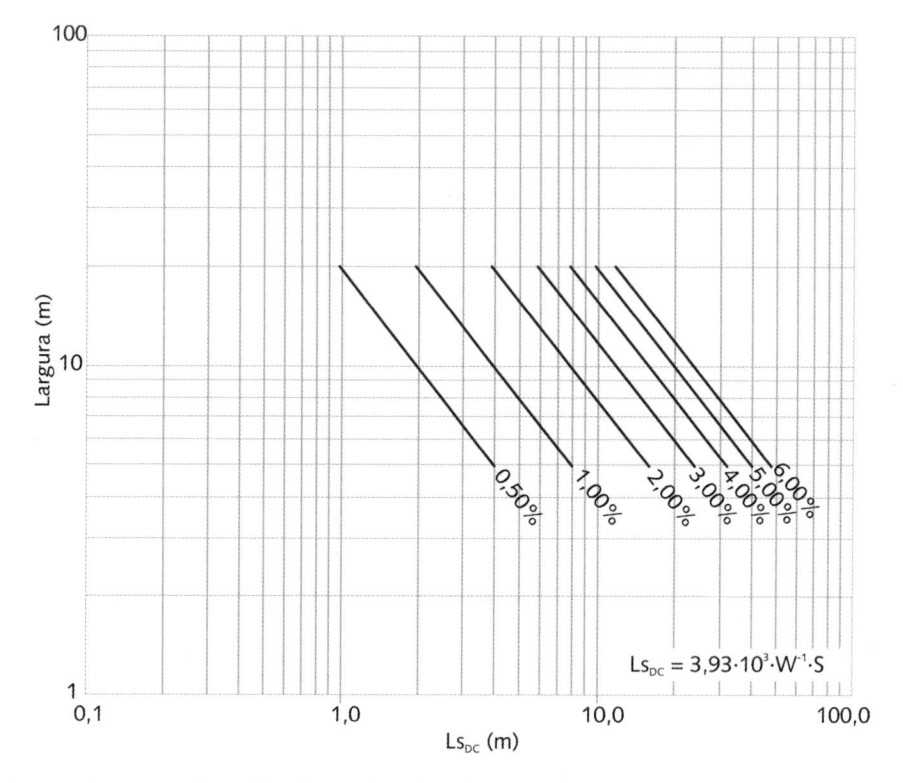

Fig. 8.5 *Espaçamento das saídas de água (Ls_{DC}) em função da largura (W) e da declividade longitudinal da pista (S) para drenos cegos*

Gráfico: $Ls_{DC} = 3{,}93 \cdot 10^{3} \cdot W^{-1} \cdot S$

Espaçamento das saídas para drenos tubulares

Para o caso dos drenos tubulares, a vazão máxima admissível foi calculada por meio da fórmula de Manning, em função do diâmetro (D), da altura de água máxima na seção transversal, da rugosidade do material expressa pelo número de Manning (n) e da declividade longitudinal (S) de escoamento no dreno.

$$Q_{máx_{TUBULAR}} = \frac{A_m \cdot R_h^{2/3} \cdot S^{1/2}}{n} (m^3/s/m) \qquad (8.8)$$

Para a elaboração do gráfico da Fig. 8.6, foram adotados os seguintes parâmetros:
- Infiltração de projeto = 5,56 · 10⁻⁶ m³/s/m
- Diâmetros dos tubos = 0,050; 0,065 e 0,100 m

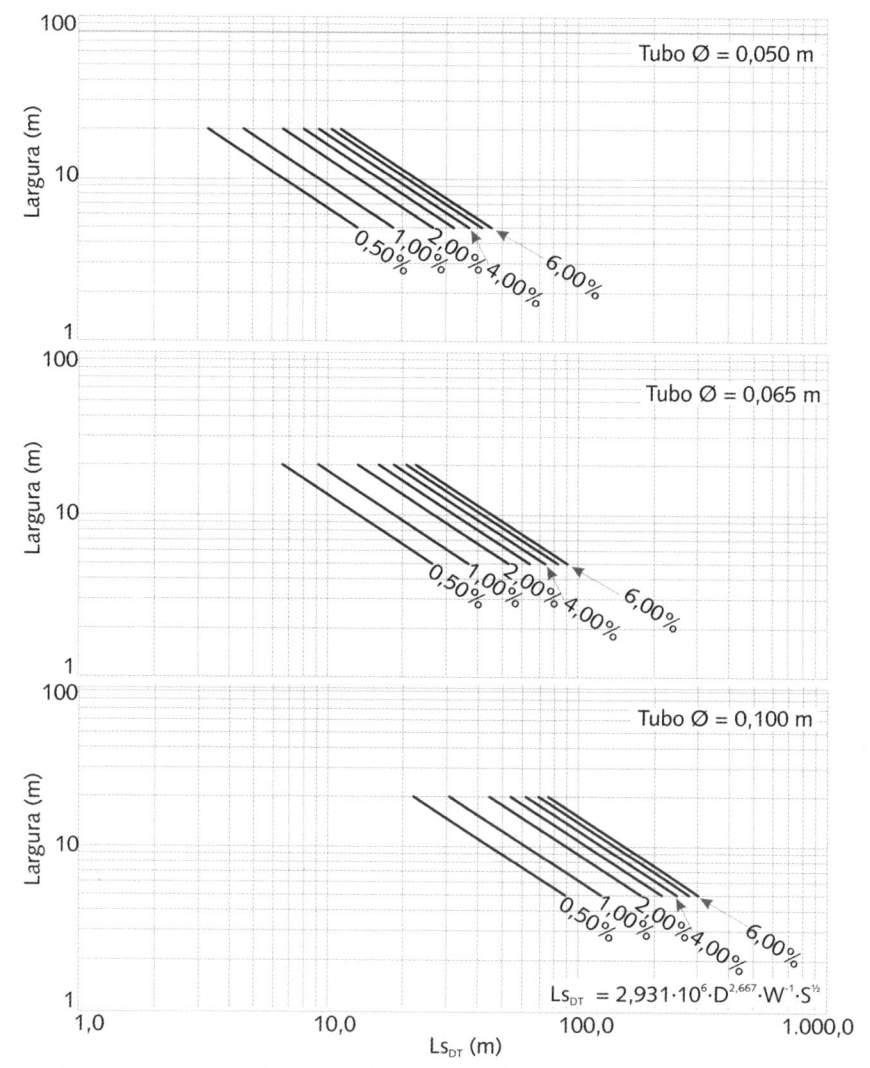

Fig. 8.6 *Espaçamento das saídas de água(Ls_{DT}) em função da largura (W) e da declividade longitudinal da pista (S) para drenos tubulares*

- Número de Manning = 0,015
- Altura máxima ocupada pela água na seção transversal do tubo = 2/3 D

Apresentação do projeto

Com essa metodologia de cálculo devem ser apresentados os seguintes produtos:
- Representação gráfica em planta (desenhos do projeto de drenagem) do posicionamento dos drenos longitudinais, transversais (nos pontos de mudança da superelevação) e das saídas de água.
- Memoriais de cálculo referentes a todas as situações estudadas em função da geometria das pistas e acessos projetados.
- Representação gráfica das seções tipo de pavimento, contendo as características geométricas da camada drenante e o posicionamento dos drenos longitudinais e transversais.
- Memorial justificativo da solução adotada, contemplando as características geométricas e os materiais utilizados para a camada drenante, bem como as características do sistema de drenagem adotado.
- Representação gráfica, no projeto de drenagem, dos detalhes dos dispositivos utilizados para a implantação do sistema.

8.2 Método de Moulton

8.2.1 Fluxograma de dimensionamento

As Figs. 8.7 e 8.8 apresentam fluxogramas com os parâmetros de projeto e a principal formulação utilizada.

Exemplo 8.1 *Pista simples*

Pede-se para dimensionar o sistema de drenagem subsuperficial de uma nova rodovia de pista simples (duas faixas), mais acostamentos laterais de 3 m, constituída de pavimento de concreto de cimento Portland.

O sistema de drenagem deverá ser constituído de base permeável, camada separadora e drenos de bordo longitudinais.

8 | Exemplos de cálculo de dimensionamento do sistema de drenagem subsuperficial

Entradas (esquerda):
- p_i Precipitação pluviométrica
- C_i Coeficiente de infiltração
- N_c Número de contribuição
- W_c Largura de contribuição
- C_s Espaçamento transversal de juntas
- W Largura da Pista
- S_x Declividade transversal
- S Declividade longitudinal
- H Espessura da camada drenante
- k Coeficiente de permeabilidade
- U Porcentagem de drenagem
- N Porosidade
- W_L Índice de perda de água

Equações intermediárias:

$$q_{i1} = C_i \cdot p_i$$

$$q_{i2} = I_c \left[\frac{N_c}{W} + \frac{W_c}{W \cdot C_s} \right]$$

L_r, S_r

Método do fluxo contínuo:

$$\frac{q_i}{k} = H \left(S_r + \frac{H}{2L_r} \right)$$

- Espessura: $H = f(k, q_i)$
- Permeabilidade: $k = f(H, q_i)$

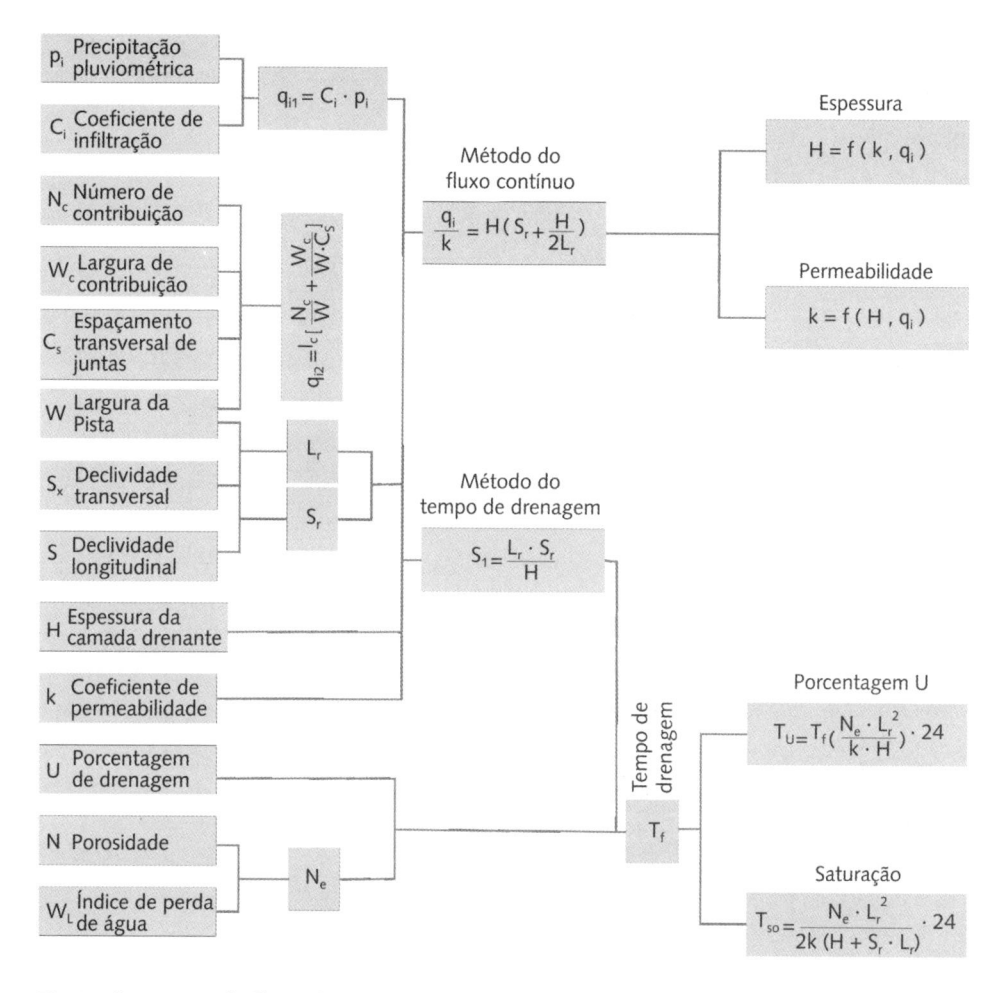

Método do tempo de drenagem:

$$S_1 = \frac{L_r \cdot S_r}{H}$$

Tempo de drenagem T_f

- Porcentagem U:
$$T_U = T_f \left(\frac{N_e \cdot L_r^2}{k \cdot H} \right) \cdot 24$$

- Saturação:
$$T_{so} = \frac{N_e \cdot L_r^2}{2k(H + S_r \cdot L_r)} \cdot 24$$

N_e

Fig. 8.7 *Fluxograma de dimensionamento – método de Moulton – camada drenante*

As características granulométricas e geométricas dos materiais do subleito a serem utilizados nas camadas drenantes e separadora são fornecidas e apresentadas na tabela a seguir. Outras características geométricas da via e dos tipos de tubos disponíveis são mostradas também nas Tabs. 8.1 a 8.4. As Figs. 8.9 e 8.10 ilustram as características geométricas da via.

Drenagem subsuperficial de pavimentos

Vazões contribuintes

- q_i Volume infiltrado
- W Largura da camada
- k Coeficiente de permeabilidade
- S_x Declividade transversal
- H Espessura da camada drenante
- N_e Porosidade efetiva
- U Porcentagem de drenagem
- t_d Tempo de drenagem
- k_b Coeficiente de permeabilidade da brita
- A_b Seção do dreno cego
- S Declividade longitudinal
- D Diâmetro do tubo coletor
- n Número de Manning
- C_g Coeficiente do geocomposto
- F_1 Altura da água no início do dreno
- F_2 Altura da água no fim do dreno

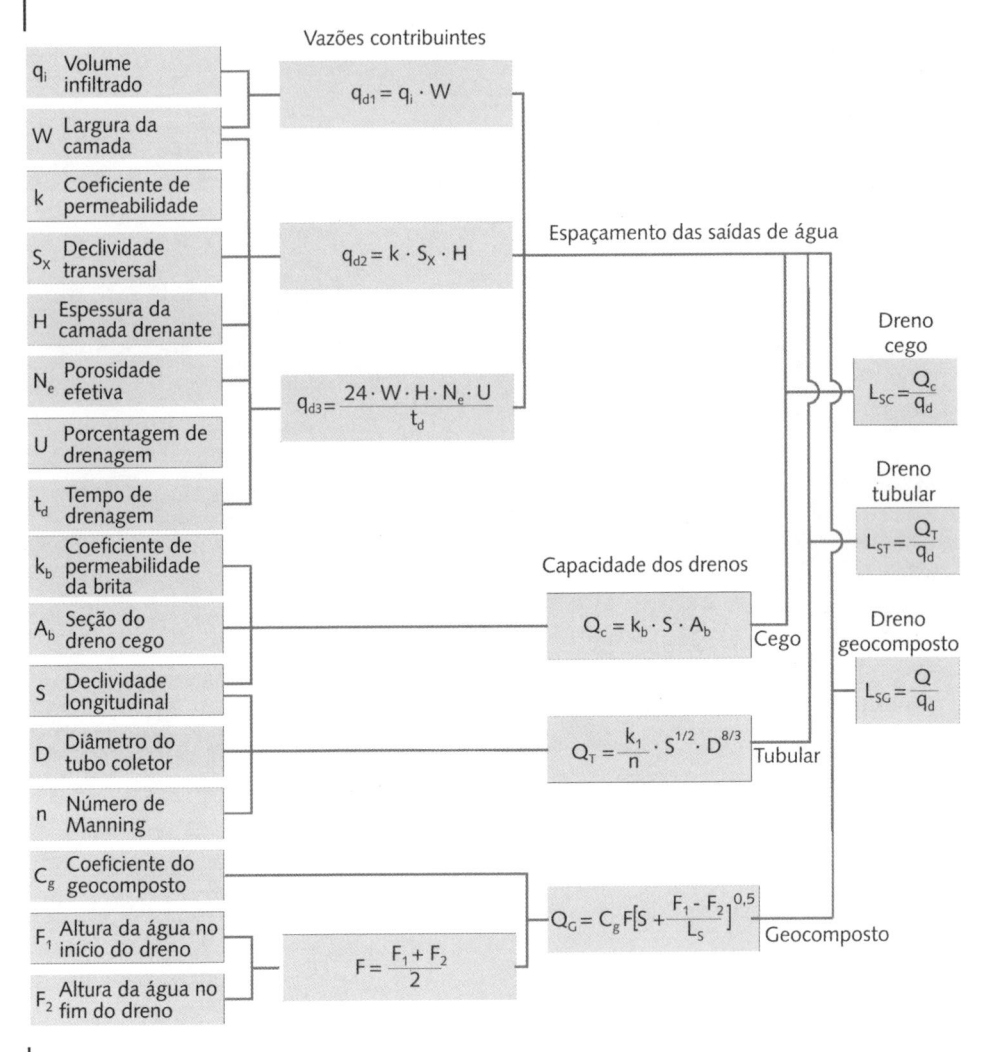

$$q_{d1} = q_i \cdot W$$

$$q_{d2} = k \cdot S_x \cdot H$$

$$q_{d3} = \frac{24 \cdot W \cdot H \cdot N_e \cdot U}{t_d}$$

Espaçamento das saídas de água

Capacidade dos drenos

$$Q_c = k_b \cdot S \cdot A_b \quad \text{Cego}$$

$$Q_T = \frac{k_1}{n} \cdot S^{1/2} \cdot D^{8/3} \quad \text{Tubular}$$

$$Q_G = C_g F \left[S + \frac{F_1 - F_2}{L_S} \right]^{0,5} \quad \text{Geocomposto}$$

$$F = \frac{F_1 + F_2}{2}$$

Dreno cego
$$L_{SC} = \frac{Q_c}{q_d}$$

Dreno tubular
$$L_{ST} = \frac{Q_T}{q_d}$$

Dreno geocomposto
$$L_{SG} = \frac{Q}{q_d}$$

Fig. 8.8 *Fluxograma de dimensionamento – método de Moulton – dreno raso longitudinal*

Tab. 8.1 Dados de entrada – características geométricas

Largura da faixa, m	3,6
Largura dos acostamentos de concreto, m	3,0
Espessura da placa, mm	264
Espaçamento entre juntas, m	4,6
Declividade transversal, %	2,0 (seção abaulada)
Declividade longitudinal, %	3,0

8 | Exemplos de cálculo de dimensionamento do sistema de drenagem subsuperficial

Tab. 8.2 Dados de entrada – características do dreno raso longitudinal

Dreno longitudinal	Tubo A – Liso	n = 0,012
	Tubo B – Corrugado	n = 0,024

Tab. 8.3 Dados de entrada – características dos materiais

	Materiais propostos	A	B
	Tipo de base permeável	PMQ	PMQ
	Granulometria	Conforme Tab. 8.4	
Base permeável	Massa específica, kg/m³	1.835	1.750
	Densidade real dos grãos	2,65	2,65
	Coeficiente de permeabilidade, m/dia	250	600
	Perda de água, %	60	70
	Porcentagem de finos, %	5,0	2,0
	Materiais propostos	C, D e E	
Camada separadora	Granulometria	Conforme Tab. 8.4	
	Densidade real dos grãos	2,65	
	Massa específica, kg/m³	2.000	
	Perda de água, %	25	
	Densidade real dos grãos	2,65	
Subleito	Granulometria	Conforme Tab. 8.4	
	Massa específica, kg/m³	1.850	
	Perda d'água, %	5	

Tab. 8.4 Dados de entrada – faixas granulométricas

Peneira (mm)	Base permeável		Subleito	Camada separadora		
	Material A	Material B		Material C	Material D	Material E
38,1	100	100	-	-	-	-
25,4	90	94	-	100	100	100
19,0	-	70	-	94	100	95
12,7	-	40	-	73	96	85
9,52	70	29	-	57	92	77
4,75	50	8,5	-	35	82	56
2,00	15	4	100	20	66	39
0,600	-	-	88	13	40	26
0,425	5	2,5	-	-	-	-
0,300	-	-	68	10	21	17
0,150	-	-	43	9	14	11
0,075	2	1,5	25	8	8	6
0,01	-	-	4,9	-	-	-

Drenagem subsuperficial de pavimentos

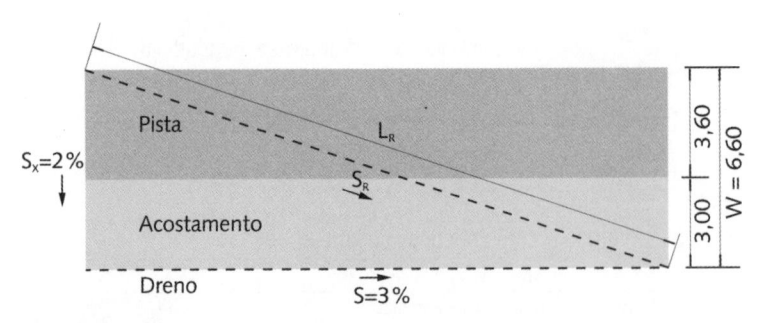

Fig. 8.9 *Ilustração em planta*

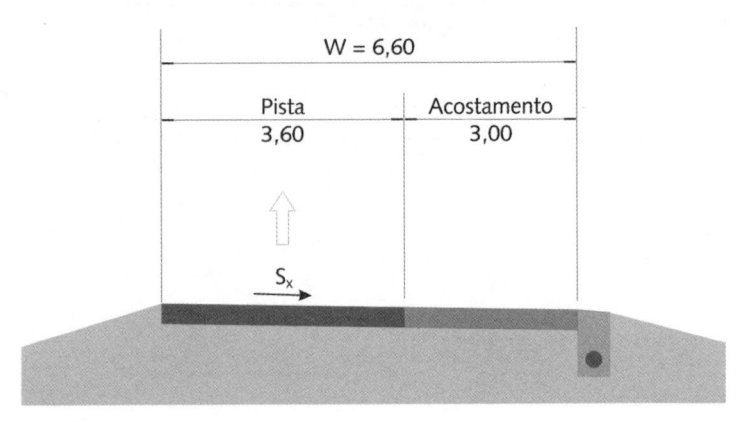

Fig. 8.10 *Ilustração em corte*

Solução:
Cálculos dos elementos geométricos de projeto

- Declividade resultante da linha de água (S_R)

$$S_R = (S^2 + S_x^2)^{0,5}$$

S = 0,03 – declividade longitudinal
S_x = 0,02 – declividade transversal
S_R = $(0,03^2+0,02^2)^{0,5}$ = 0,036 m/m – declividade resultante

- Comprimento resultante da linha de água (L_R)

$$L_R = W \cdot \left[1 + \left(\frac{S}{S_x}\right)^2\right]^{0,5}$$

$W = W_p + W_a$
$W_p = 3{,}6$ m – largura da faixa
$W_a = 3{,}0$ m – largura do acostamento

$$L_R = 6{,}6 \cdot \left[1 + \left(\frac{0{,}03}{0{,}02}\right)^2\right]^{0{,}5} = 11{,}90 \text{ m}$$

Cálculo da base drenante – método do tempo de drenagem
Tentativa 1 – Material A
- Espessura da base H= 0,10 m
- Tempo de drenagem de 50% - U= 0,50
- Fator de declividade

$$S_1 = \frac{L_R \cdot S_R}{H} = \frac{11{,}90 \cdot 0{,}036}{0{,}10} = 4{,}28$$

- Porosidade (N)

$$N = 1 - \left(\frac{\gamma_d}{9{,}81 \cdot G_s}\right) = 1 - \left(\frac{18}{9{,}81 \cdot 2{,}65}\right) = 0{,}31$$

Nota-se que o γ_d da equação acima é convertido de 1.835 kg/m³ para 18,0 kN/m³ multiplicando-o por 9,81.

- Porosidade efetiva (N_e)

$$N_e = N \cdot W_L = 0{,}31 \cdot 0{,}6 = 0{,}19$$

- Fator m

$$m = \frac{N_e \cdot L_R^2}{k \cdot H} = \frac{0{,}19 \cdot 11{,}90^2}{250 \cdot 0{,}10} = 1{,}08$$

- Tempo de drenagem t_d

$$t_{50} = T \cdot m \cdot 24 = 0{,}083 \cdot 1{,}08 \cdot 24 = 2{,}15 \text{ horas}$$

Conforme se pode observar na Tab. 8.5 e Fig. 8.11, essa alternativa não atende à condição de projeto, uma vez que para rodovia de tráfego pesado, é recomendável que o tempo de drenagem para 50% seja inferior a duas horas.

Tab. 8.5 Cálculo do tempo de drenagem – material A

(1) Porcentagem de drenagem U	(2) Fig. 3.4 Fator tempo T	(3) (2) x m x 24 Tempo de drenagem t (h)	(4) N_e x (1) Água drenada	(5) N – (4) Água retida V_w	(6) (5) x 100/N Porcentagem de saturação
0,2	0,020	0,518	0,038	0,272	87,7
0,3	0,042	1,089	0,057	0,253	81,6
0,4	0,060	1,556	0,076	0,234	75,5
0,5	0,083	2,152	0,095	0,215	69,4
0,6	0,100	2,593	0,114	0,196	63,2
0,7	0,132	3,423	0,133	0,177	57,1
0,8	0,177	4,589	0,152	0,158	51,0
0,9	0,296	7,675	0,171	0,139	44,8

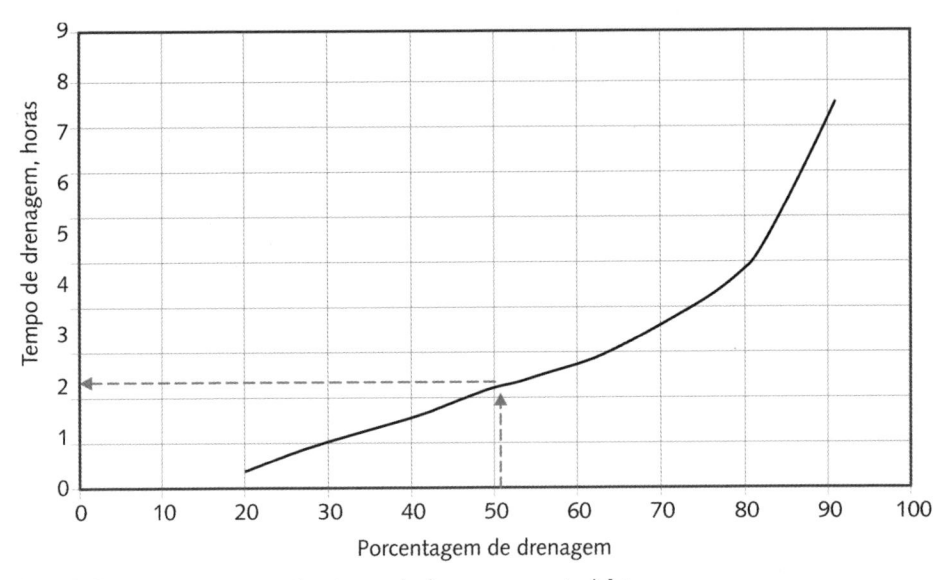

Fig. 8.11 *Porcentagem e respectivo tempo de drenagem – material A*

Tentativa 2 – Material B

♦ Porosidade (N)

$$N = 1\left(\frac{\gamma_d}{9,81 \cdot G_s}\right) = 1 - \left(\frac{17,2}{9,81 \cdot 2,65}\right) = 0,34$$

Note que o γ_d da equação anterior é convertido de 1.750 kg/m³ para 17,2 kN/m³ multiplicando-o por 9,81.

- Porosidade efetiva (N_e)

$$N_e = N \cdot W_L = 0{,}34 \cdot 0{,}70 = 0{,}24$$

- Fator m

$$m = \frac{N_e \cdot L_R^2}{k \cdot H} = \frac{0{,}24 \cdot 11{,}90^2}{600 \cdot 0{,}10} = 0{,}566$$

- Tempo de drenagem t_d

$$t_{50} = T \cdot m \cdot 24$$
$$t_{50} = 0{,}083 \cdot 0{,}566 \cdot 24 = 1{,}13 \text{ hora}$$

De acordo com os resultados obtidos, verifica-se que essa alternativa com o material B atende ao critério de projeto, uma vez que o tempo de drenagem para 50% é de aproximadamente 1,13 hora.

Cálculo da base drenante – método da altura do fluxo
Cálculo das infiltrações de projeto (q_i)
- Método da precipitação

$$q_i = \frac{24 \cdot c_i \cdot p_i}{1.000}$$
$$c_i = 0{,}50$$
$$p_i = 40 \text{ mm/h}$$

Tempo de concentração de uma hora e período de retorno de um ano:

$$q_i = \frac{24 \cdot 0{,}50 \cdot 40}{1.000} = 0{,}48 \text{ m}^3/\text{dia/m}^2$$

- Vazão de descarga (q_d)

$$q_d = q_i \cdot L_R = 0{,}48 \cdot 11{,}90 = 5{,}71 \text{ m}^3/\text{dia/m}$$

- Cálculo da espessura necessária (H) – Fórmula de Cedergren

$$q_d = k \cdot S_R \cdot H$$

$$H = \frac{q_d}{k \cdot S_R} = \frac{5{,}71}{600 \cdot 0{,}036} = 0{,}264 \text{ m}$$

- Cálculo da espessura necessária (H) – Método de Moulton

$$\left.\begin{array}{l} p = \dfrac{q_i}{k} = \dfrac{0{,}48}{600} \rightarrow p = 8 \cdot 10^{-4} \\ S_R = 0{,}036 \end{array}\right\} \xrightarrow{\text{Fig. 4.3}} \dfrac{L_R}{H} = 70$$

$$H = \frac{L_R}{70} = \frac{11{,}90}{70} = 0{,}17 \text{ m}$$

- Método da infiltração pelas trincas

$$q_i = I_c \left(\frac{N_c}{W} + \frac{W_c}{W \cdot C_s} \right) + k_p$$

$I_c = 0{,}22$ m³/dia/m – índice de infiltração
$N_c = 3$ – n° de trincas ou juntas longitudinais contribuintes
$W = 6{,}6$ m – largura de contribuição da base permeável
$W_c = 6{,}6$ m – comprimento de contribuição de juntas transversais
$C_s = 4{,}6$ m – espaçamento entre juntas transversais contribuintes
$k_p = 0{,}0$ m³/dia/m² = taxa de infiltração do pavimento

$$q_i = 0{,}22 \left(\frac{3}{6{,}6} + \frac{6{,}6}{6{,}6 \cdot 4{,}6} \right) + 0 = 0{,}15 \text{ m}^3/\text{dia/m}^2 = \text{volume de infiltração}$$

- Vazão de descarga (q_d)

$$q_d = q_i \cdot L_R = 0{,}15 \cdot 11{,}90 = 1{,}79 \text{ m}^3/\text{dia/m}$$

- Cálculo da espessura (H) – Fórmula de Cedergren

$$H = \frac{q_d}{k \cdot S_R} = \frac{1{,}79}{600 \cdot 0{,}036} = 0{,}083 \text{ m}$$

8 | Exemplos de cálculo de dimensionamento do sistema de drenagem subsuperficial

- Cálculo da espessura (H) – Método de Moulton

$$\left.\begin{array}{l} p = \dfrac{q_i}{k} = \dfrac{0,15}{600} \to p = 2,5 \cdot 10^{-4} \\ S_R = 0,036 \end{array}\right\} \xrightarrow{\text{Fig. 4.3}} \dfrac{L_R}{H} = 190$$

$$H = \dfrac{L_R}{190} = \dfrac{11,90}{190} = 0,063 \text{ m}$$

- Recomendação final das características da base com o material B
H = 0,10
k = 600 m/dia = 0,694 m/s

Projeto da camada separadora – filtro
Análise das condições de filtro e uniformidade entre os materiais do subleito e da camada permeável
- Critérios a ser atendidos:

$$d_{15f} \leq 5 \cdot d_{85S} = 5 \cdot 0,52 = 2,6 \text{ mm}$$

$$d_{50f} \leq 25 \cdot d_{50S} = 25 \cdot 0,20 = 5,0 \text{ mm}$$

$$d_{85f} \geq \dfrac{d_{15b}}{5} = \dfrac{6,9}{5} = 1,4 \text{ mm}$$

$$d_{50f} \geq \dfrac{d_{50b}}{25} = \dfrac{13}{25} = 0,52 \text{ mm}$$

A camada de filtro deve apresentar, ainda, porcentagem de finos (passando na peneira 200) máxima de 12%.

$$d_{12f} \leq 0,074 \text{ mm}$$

Essas condições podem ser visualizadas na Fig. 8.12.
- Critérios do coeficiente de uniformidade (C_u)
- O material deve ter C_u entre 20 e 40

$$\text{Material C} - C_u = \frac{d_{60}}{d_{10}} = \frac{10}{0{,}27} = 37$$

$$\text{Material D} - C_u = \frac{d_{60}}{d_{10}} = \frac{1{,}6}{0{,}09} = 18$$

$$\text{Material E} - C_u = \frac{d_{60}}{d_{10}} = \frac{5{,}6}{0{,}13} = 43$$

Pela Fig. 8.12 verifica-se que os materiais D e E atendem aos critérios de filtro, uniformidade e finos.

Como o material D apresenta C_u = 18, que não atende ao critério do coeficiente de uniformidade, o material E deve ser recomendado como camada separadora executada com uma espessura mínima de 0,10 m.

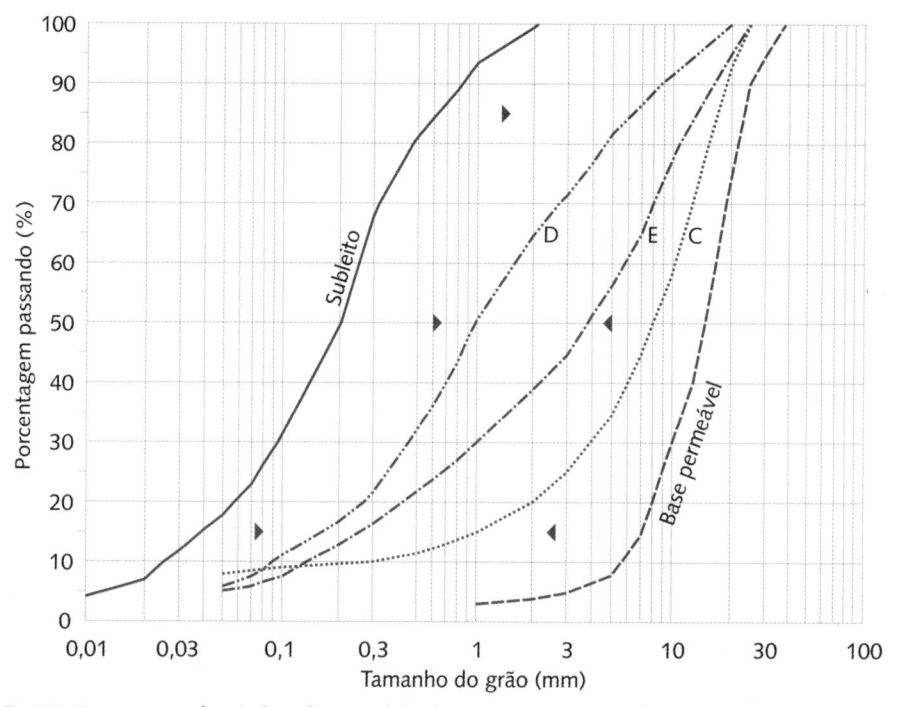

Fig. 8.12 *Curvas granulométricas de materiais alternativos para camada separadora*

8 | Exemplos de cálculo de dimensionamento do sistema de drenagem subsuperficial

Dimensionamento do dreno raso longitudinal
- Cálculo da capacidade hidráulica dos tubos (Q)

$$Q = \frac{2{,}693 \cdot 10^4}{n} \cdot D^{8/3} \cdot S^{1/2}$$

n = Coeficiente de rugosidade de Manning
D = Diâmetro do tubo – m
S = 0,03 m/m – declividade longitudinal

Tab. 8.6 Capacidade hidráulica – Q (m³/dia)

Diâmetro do tubo (m)	Tipo de tubo	
	Liso n= 0,012	Corrugado n= 0,024
0,100	837	418
0,065	265	132
0,050	131	65

- Cálculo da taxa de descarga da base permeável (q_d)

$$q_d = \frac{24 \cdot W \cdot H \cdot N_e \cdot U}{t_d} = \frac{24 \cdot 6{,}6 \cdot 0{,}10 \cdot 0{,}24 \cdot 0{,}50}{1{,}2}$$

$$q_d = 1{,}6 \text{ m}^3/\text{dia}/\text{m}$$

- Cálculo do espaçamento entre saídas de água (L_s)

$$L_s = \frac{Q}{q_d}$$

Q = Capacidade do tubo, m³/dia
q_d = Taxa de descarga da base permeável = m³/dia/m

Conforme se observará na Tab. 8.7, qualquer opção analisada pode atender às condições de projeto. Assim sendo, recomenda-se empregar tubo corrugado com 0,065 m de diâmetro e espaçamento mínimo entre saídas de 80 m.

Tab. 8.7 Espaçamento entre saídas de água (L_s) em metros

Diâmetro do tubo (m)	Tipo de tubo	
	liso	corrugado
0,100	523	261
0,065	165	82
0,050	81	40

Exemplo 8.2 *Pista dividida*

Pede-se dimensionar o sistema de drenagem subsuperficial de uma nova rodovia de pista dividida (duas faixas), mais acostamentos laterais de 3 m à direita e 1 m à esquerda, constituída de pavimento de concreto de cimento Portland.

O sistema de drenagem deverá ser constituído de base permeável, camada separadora e drenos de bordo longitudinais.

As características granulométricas e geométricas dos materiais do subleito e a ser utilizados nas camadas drenantes e separadora são as mesmas do exemplo anterior. Outras características geométricas da via e dos tipos de tubos disponíveis são mostradas na Tab. 8.8. As Figs. 8.13 e 8.14 ilustram as características geométricas da via.

Tab. 8.8 Dados de entrada

Características gerais	Largura da faixa, m	7,2 + 1,0	
	Largura dos acostamentos de concreto, m	3,0	
	Espessura da placa, mm	240	
	Espaçamento entre juntas, m	5,0	
	Declividade transversal, %	2,0	
	Declividade longitudinal, %	3,0	
Base permeável	Materiais propostos	A	B
	Tipo de base permeável	PMQ	PMQ
	Granulometria	Conforme Tab. 8.4	
	Massa específica, kg/m³	1.835	1.750
	Densidade real dos grãos	2,65	2,65
	Coeficiente de permeabilidade, m/dia	250	600
	Perda de água, %	60	70
	Porcentagem de finos, %	5,0	2,0

Tab. 8.8 Dados de entrada (cont.)

	Materiais propostos	C, D e E
Camada separadora	Granulometria	Conforme Tab. 8.4
	Densidade real dos grãos	2,65
	Massa específica, kg/m³	2.000
	Perda de água, %	25
Subleito	Densidade real dos grãos	2,65
	Granulometria	Conforme Tab. 8.4
	Massa específica, kg/m³	1.850
	Perda de água, %	5
Dreno longitudinal	Tubo A (liso)	n = 0,012
	Tubo B (corrugado)	n = 0,024

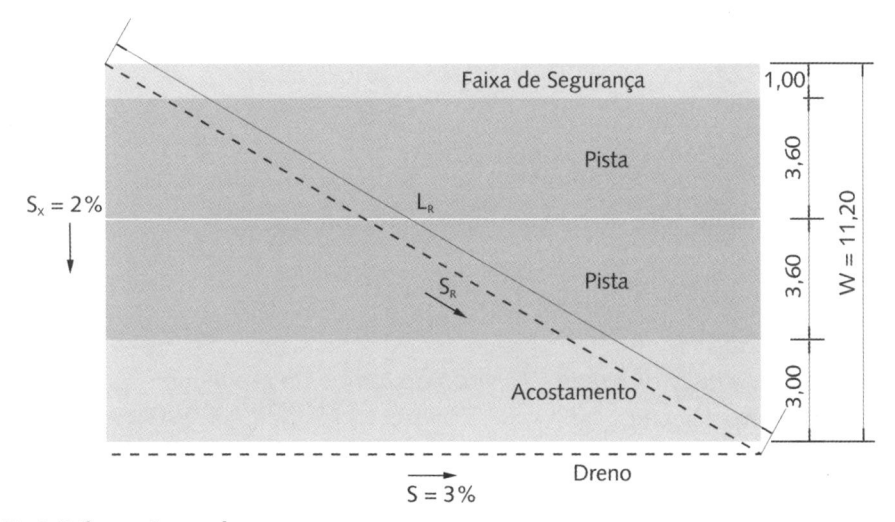

Fig. 8.13 *Ilustração em planta*

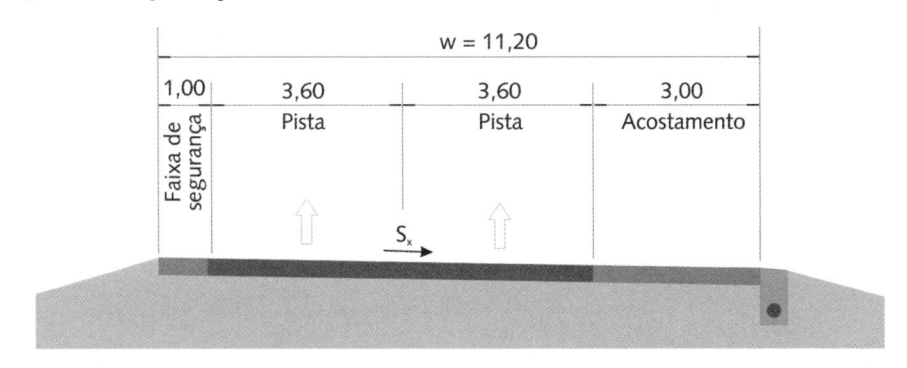

Fig. 8.14 *Ilustração em corte*

Solução:
Cálculos dos elementos geométricos de projeto
- Declividade resultante da linha de água (S_R)

$$S_R = (S^2 + S_x^2)^{0,5}$$

S = 0,03 – declividade longitudinal
S_x = 0,02 – declividade transversal
S_R = (0,03²+0,02²)⁰,⁵ = 0,036 m/m – declividade resultante

- Comprimento resultante da linha de água (L_R)

$$L_R = W \cdot \left[1 + \left(\frac{S}{S_x}\right)^2\right]^{0,5}$$

$$W = W_p + W_a = 11,2 \text{ m}$$

W_p = 8,2 m largura da pista
W_a = 3 m largura do acostamento externo

$$L_R = 11,2 \cdot \left[1 + \left(\frac{0,03}{0,02}\right)^2\right]^{0,5} = 20,19 \text{ m}$$

Cálculo da base drenante – método do tempo de drenagem
Tentativa 1 – Material A
- Espessura da base H = 0,10 m
- Tempo de drenagem de 50% – U = 0,50
- Fator de declividade (S_1)

$$S_1 = \frac{L_R \cdot S_R}{H} = \frac{20,19 \cdot 0,036}{0,10} = 7,27$$

- Porosidade (N)

$$N = 1 - \left(\frac{\gamma_d}{9,81 \cdot G_s}\right) = 1 - \left(\frac{18}{9,81 \cdot 2,65}\right) = 0,31$$

Note que o γ_d da equação acima é convertido de 1.835 kg/m³ para 18,0 kN/m³ multiplicando-o por 9,81.

8 | Exemplos de cálculo de dimensionamento do sistema de drenagem subsuperficial

- Porosidade efetiva (N_e)

$$N_e = N \cdot W_L = 0,31 \cdot 0,6 = 0,19$$

- Fator m

$$m = \frac{N_e \cdot L_R^2}{k \cdot H} = \frac{0,19 \cdot 20,19^2}{250 \cdot 0,10} = 3,10$$

$$\left.\begin{array}{l} S_1 = 7,27 \\ U = 50\% \end{array}\right\} \xrightarrow{\text{Fig. 3.4}} T = 0,042$$

- Tempo de Drenagem t_d.

$$t_{50} = T \cdot m \cdot 24 = 0,042 \cdot 3,10 \cdot 24 = 3,12 \text{ horas}$$

Conforme se pode observar, essa alternativa não atende à condição de projeto, uma vez que, para rodovias de tráfego pesado, é recomendável que o tempo de drenagem para 50% seja inferior a duas horas.

Tentativa 2 – Material B
- Porosidade (N)

$$N = 1 - \left(\frac{\gamma_d}{9,81 \cdot G_s}\right) = 1 - \left(\frac{17,2}{9,81 \cdot 2,65}\right) = 0,34$$

Note que o γ_d da equação acima é convertido de 1.750 kg/m³ para 17,2 kN/m³ multiplicando-o por 9,81.

- Porosidade efetiva (N_e)

$$N_e = N \cdot W_L = 0,34 \cdot 0,70 = 0,24$$

- Fator m

$$m = \frac{N_e \cdot L_R^2}{k \cdot H} = \frac{0,24 \cdot 20,19^2}{600 \cdot 0,10} = 1,63$$

- Tempo de Drenagem t_d

$$t_{50} = T \cdot m \cdot 24$$

$$t_{50} = 0{,}042 \cdot 1{,}63 \cdot 24 = 1{,}64 \text{ horas}$$

De acordo com os resultados obtidos, verifica-se que essa alternativa de material atende ao critério de projeto, uma vez que o tempo de drenagem para 50% é de aproximadamente 1,64 horas.

Cálculo da base drenante – método da altura do fluxo
Cálculo das infiltrações de projeto (q_i)
- Método da precipitação

$$q_i = \frac{24 \cdot c_i \cdot p_i}{1.000}$$

$$c_i = 0{,}50$$

$$p_i = 40 \text{ mm/h}$$

Tempo de concentração de uma hora e período de retorno de um ano:

$$q_i = \frac{24 \cdot 0{,}50 \cdot 40}{1.000} = 0{,}48 \text{ m}^3/\text{dia/m}^2$$

- Vazão de descarga (q_d)

$$q_d = q_i \cdot L_R = 0{,}48 \cdot 20{,}19 = 9{,}69 \text{ m}^3/\text{dia/m}$$

- Cálculo da espessura (H) – Fórmula de Cedergren

$$H = \frac{q_d}{k \cdot S_R} = \frac{9{,}69}{600 \cdot 0{,}036} = 0{,}45 \text{ m}$$

- Cálculo da espessura (H) – Método de Moulton

$$\left. \begin{array}{l} p = \dfrac{q_i}{k} = \dfrac{0{,}48}{600} \rightarrow p = 8 \cdot 10^{-4} \\ S_R = 0{,}036 \end{array} \right\} \xrightarrow{\text{Fig. 4.3}} \dfrac{L_R}{H} = 70$$

$$H = \frac{L_R}{70} = \frac{20{,}19}{70} = 0{,}29 \text{ m}$$

- Método da infiltração pelas trincas

$$q_i = I_c \left(\frac{N_c}{W} + \frac{W_c}{W \cdot C_s} \right) + k_p$$

$I_c = 0{,}223$ m³/dia/m – índice de infiltração
$N_c = 3$ – n° de trincas ou juntas longitudinais contribuintes
$W = 11{,}2$ m – largura de contribuição da base permeável
$W_c = 11{,}2$ – comprimento de contribuição de juntas transversais
$C_s = 5{,}0$ – espaçamento entre juntas transversais contribuintes
$k_p = 0{,}0$ m³/dia/m² = taxa de infiltração do pavimento

$$q_i = 0{,}223 \cdot \left(\frac{3}{11{,}2} + \frac{11{,}2}{11{,}2 \cdot 5} \right) + 0 = 0{,}104 \text{ m}^3/\text{dia}/\text{m}^2$$

- Vazão de descarga (q_d)

$$q_d = q_i \cdot L_R = 0{,}104 \cdot 20{,}19 = 2{,}10 \text{ m}^3/\text{dia}/\text{m}$$

- Cálculo da espessura (H) – Fórmula de Darcy – Método de Cedergren

$$H = \frac{q_d}{k \cdot S_R} = \frac{2{,}10}{600 \cdot 0{,}036} = 0{,}10 \text{ m}$$

- Cálculo da espessura (H) – Método de Moulton

$$\left. \begin{array}{l} p = \dfrac{q_i}{k} = \dfrac{0{,}104}{600} \rightarrow p = 1{,}73 \cdot 10^{-4} \\ S_R = 0{,}036 \end{array} \right\} \xrightarrow{\text{Fig. 4.3}} \dfrac{L_R}{H} = 260$$

$$H = \frac{L_R}{260} = \frac{20{,}19}{260} = 0{,}078 \text{ m}$$

- Recomendação final das características da base material B

$H = 0{,}10$ m
$k = 600$ m/dia = 0,694 cm/s

Projeto da camada separadora – filtro

De maneira análoga ao Exemplo 8.1, dado que as características geotécnicas dos materiais foram mantidas.

Dimensionamento do dreno raso longitudinal
- Cálculo da capacidade hidráulica dos tubos (Q)

Semelhante ao Exemplo 8.1.
- Cálculo da taxa de descarga da base permeável (q_d)

$$q_d = \frac{24 \cdot W \cdot H \cdot N_e \cdot U}{t_d} = \frac{24 \cdot 11{,}2 \cdot 0{,}10 \cdot 0{,}24 \cdot 0{,}50}{1{,}8}$$

$$q_d = 1{,}79 \text{ m}^3/\text{dia/m}$$

- Cálculo do espaçamento entre saídas de água (L_s)

$$L_s = \frac{Q}{q_d}$$

Q = Capacidade do tubo, m³/dia
q_d = Taxa de descarga da base permeável = m³/dia/m

Conforme se pode observar, qualquer opção analisada pode atender às condições de projeto; assim sendo, recomenda-se empregar tubo corrugado com 0,065 m de diâmetro e espaçamento mínimo entre saídas de 70 m.

Tab. 8.9 Espaçamento entre saídas de água (L_s) em metros

Diâmetro do tubo (m)	Tipo de tubo	
	liso	corrugado
0,100	467	233
0,065	148	74
0,050	73	36

Referências bibliográficas

AASHTO - AMERICAN ASSOCIATION OF STATE HIGHWAY AND TRANSPORTATION OFFICIALS. *AASHTO Interim guide for design of pavement structures*. Washington D. C., 1972.

_____. *AASHTO guide for design of pavement structures*. Washington D. C., 1986.

_____. *AASHTO guide for design of highway internal drainage systems*. Washington D. C., 1986.

_____. *AASHTO guide for design of pavement structures*. Washington D. C., 1993.

_____. *AASHTO guide for design of pavement structures*: development of coefficients for treatment of drainage. Washington D. C., 1996.

ABGE - ASSOCIAÇÃO BRASILEIRA DE GEOLOGIA DE ENGENHARIA E AMBIENTAL. Ensaios de permeabilidade em solos - orientações para sua execução no campo. 3. ed. *Boletim*, São Paulo, n. 4., 1996.

AI - ASPHALT INSTITUTE. Drainage of asphalt pavement structures. *Manual series n. 15*. [S.l.], 1984.

AREMA - AMERICAN RAILWAY ENGINEERING AND MAINTENANCE-OF-WAY ASSOCIATION. *Manual for railway engineering*. Washington D. C., 2001.

AZEVEDO, A. M. *Considerações sobre a drenagem subsuperficial na vida útil dos pavimentos rodoviários*. 2007. 159 f. Dissertação (Mestrado em Engenharia Civil) – Escola Politécnica, Universidade de São Paulo, São Paulo, 2007.

AZZOUT, Y.; BARRAUD, S.; CRES, F. N.; ALFAKIH, E. *Techniques alternatives em assainissement pluvial*. Paris: Technique et Documentation - Lavoisier, 1994. 372 p.

BARBER, E. S.; SAWYER, C. L. Highway subdrainage. In: HIGHWAY RESEARCH BOARD, 1952. *Proceedings...* [S.l.: s.n.], 1952. p. 643-666.

BETRAM, G. E. An experimental investigation of protective filters. *Publication n. 267*. Cambridge: Graduate School of Engineering, Harvard University, 1940.

BUCKINGHAM, E. Studies on the movements of soil moisture. *Bureau Soils Bulletin*, Washington D. C., n. 38, 1907.

CASAGRANDE, A.; SHANNON, W. L. Base course drainage for airport pavements. *Transactions of the American Society of Civil Engineering*, p. 792-814, 1952.

CEDERGREN, H. R. *Drainage of highway and airfield pavements*. New York: John Wiley & Sons, 1974.

_____. *Drenagem dos pavimentos de rodovias e aeródromos*. Rio de Janeiro: Livros Técnicos e Científicos, 1980.

CEDERGREN, H. R.; ARMAN, J. A.; O'BRIEN, K. H. Guidelines for the design of subsurface drainage systems for highway pavement structural sections. *Report n. FHWA-RD-72-30*, Federal Highway Administration, Washington D. C., 1972.

CHRISTOPHER, B. R.; McGUFFEY, V. C. Pavement subsurface drainage systems. *NCHRP Synthesis of Highway Practice n. 239*, Transportation Research Board, Washington D. C., 1997.

DARCY, H. *Les fontaines publiques de la ville de Dijon*. Paris: Dalmont, 1856.

DNER - DEPARTAMENTO NACIONAL DE ESTRADAS DE RODAGEM. *Manual de drenagem de rodovias*. Rio de Janeiro, 1990.

_____. *Manual de pavimentação*. Rio de Janeiro, 1996.

_____. *DNER-ES 386/99*: pavimentação - pré-misturado a quente com asfalto polímero - camada porosa de atrito. Rio de Janeiro, 1999.

DNIT - DEPARTAMENTO NACIONAL DE INFRAESTRUTURA DE TRANSPORTES. *Manual de drenagem de rodovias*. Publicação IPR-724. 2. ed. Rio de Janeiro, 2006a. 333 p.

_____. *Manual de pavimentação*. Publicação IPR-719. 3. ed. Rio de Janeiro, 2006b.

ELFINO, M. K.; DAVIDSON, J. L. An evaluation of design high-water clearances for pavements. *Transportation Research Record*: Journal of the Transportation Research Board, Washington D. C., v. 1121, p. 66-76, 1987.

ELSAYED, A. S.; LINDLY, J. K. Estimating permeability of asphalt-treated bases. *Transportation Research Record*: Journal of the Transportation Research Board, Washington D. C., v. 1492, p. 103-111, 1995.

_____. Estimating hydraulic conductivity of untreated roadway bases. *Transportation Research Record*: Journal of the Transportation Research Board, Washington D. C., v. 1519, p. 11-18, 1996.

FERGUSON, B. K. *Porous pavements* - Integrative studies in water management and land development. Boca Raton: Taylor & Francis Group CRC Press, 2005.

FWA, T. F. Water-induced distress in flexible pavement in a wet tropical climate. *Transportation Research Record*: Journal of the Transportation Research Board, Washington D. C., v. 1121, p. 57-65, 1987.

HAZEN, A. Discussion of dams on sand foundations. *Transactions of the American Society of Civil Engineers*, v. 73, p. 199-203, 1911.

HEYNS, F. J. *Railway track drainage design techniques*. 2000. Dissertation (Doctor of Philosophy in Civil Engineering) – University of Massachusetts, Amherst, 2000.

HUANG, Y. H. *Pavement analysis and design*. Englewood Cliffs: Prentice Hall, 1993.

HUDSON, W. R.; FLANAGAN, P. R. An examination of environmental versus load effects on pavements. *Transportation Research Record*: Journal of the Transportation Research Board, Washington D. C., v. 1121, p. 34-39, 1987.

JANOO, V.; SHEPHERD, K. Seasonal variation of moisture and subsurface layer moduli. *Transportation Research Record*: Journal of the Transportation Research Board, Washington D. C., v. 1709, p. 98-107, 2000.

JANSSEN, D. J. Moisture in Portland cement concrete. *Transportation Research Record*: Journal of the Transportation Research Board, Washington D. C., v. 1121, p. 40-44, 1987.

KAMAL, M. A. *Behaviour of granular materials used in flexible pavements*. 1993. Thesis (Ph.D) – The Queens University, Belfast, 1993.

LIBARDI, P. L. *Dinâmica da água no solo*. São Paulo: Edusp, 2005.

MALLELA, J.; TITUS-GLOVER, L.; DARTER, M. I. Considerations for providing subsurface drainage in jointed concrete pavements. *Transportation Research Record*: Journal of the Transportation Research Board, Washington D. C., v. 1709, p. 1-10, 2000.

MALLELA, J.; TITUS-GLOVER, L.; DARTER, M. I.; AYERS, M. E. Pavement Subsurface Drainage Design. *National Highway Institute Course 131026*, Federal Highway Administration, Virginia, 1998.

MEDINA, J.; MOTTA, L. M. G. *Mecânica dos pavimentos*. 2. ed. Rio de Janeiro: UFRJ, 2005.

MOULTON, L. K. Highway subdrainage design. *Report n. FHWA-TS-80-224*, Federal Highway Administration, Washington D. C., 1980.

PARSONS, B. K. Hydraulic conductivity of railroad ballast and track substructure drainage. *Masters Project Report AAR90*, Department of Civil and Environmental Engineering, University of Massachusetts, Amhurst, 1990.

PEREIRA, A. C. O. *Influência da drenagem subsuperficial no desempenho de pavimentos asfálticos*. 2003. 194 f. Dissertação (Mestrado em Engenharia Civil) – Escola Politécnica, Universidade de São Paulo, São Paulo, 2003.

PEREIRA, A. C. O.; SUZUKI, C. Y. Influência da drenagem subsuperficial no desempenho de pavimentos asfálticos. In: REUNIÃO ANUAL DE PAVIMENTAÇÃO URBANA, 12., 2003, Aracaju. *Anais*... Aracaju: RPU, 2003.

PINTO, C. S. *Curso básico de mecânica dos solos em 16 aulas*. 2. ed. São Paulo: Oficina de Textos, 2002.
PORTO, H. G. *Pavimentos drenantes*. São Paulo: D&Z Editora, 1999.
RIDGEWAY, H. H. Infiltration of water through the pavement surface (abridgement). *Transportation Research Record*: Journal of the Transportation Research Board, Washington D. C., v. 616, p. 98-100, 1976.
_____. Pavement subsurface drainage systems. *NCHRP Synthesis of Highway Practice* 96, Transportation Research Board, Washington D. C., 1982.
SCHUELER, T. *Controlling urban runoff*: a practical manual for planning and designing urban BMP's. [S.l.]: Metropolitan Washington Council of Governments, 1987.
SEEDS, S. B.; HICKS, R. G. Development of drainage coefficients for the 1986 AASHTO guide for design of pavement structures. *Transportation Research Record*: Journal of the Transportation Research Board, Washington D. C., v. 1307, p. 256-267, 1991.
SELIG, E. T.; CANTRELL, D. D. *Track substructure maintenance from theory to practice*. In: AREMA CONFERENCE, 2001. [sem notas editoriais].
SELIG, E. T.; WATERS, J. M. *Track geotechnology and substructure management*. London: Thomas Telford, 1994.
SHERARD, J. L.; DUNNINGAN, L. P.; TALBOT, J. R. Basic properties of sand and gravel filters. *Journal of Geotechnical Engineers*, ASCE, Washington D. C., v. 110, n. 6, p. 684-700, 1984.
SHERARD, J. L.; WOODWARD, R. J.; GIZIENSKI, S. F.; CLEVENGER, W. A. *Earth and earth-rock dams*. New York: Wiley, 1963.
SILVA, L. F. M. *Fundamentos teórico-experimentais da mecânica dos pavimentos ferroviários e esboço de um sistema de gerência aplicado à manutenção de via permanente*. 2002. Tese (Doutor em Ciências em Engenharia Civil) – Programa de Pós-Graduação em Engenharia, Universidade Federal do Rio de Janeiro, Rio de Janeiro, 2002.
SMITH, K. D.; YU, H. T.; DARTER, M. I.; JIANG, J.; KHAZANOVICH, L. Performance of concrete pavements, v. 3. Improving concrete pavement performance. *Report n. FHWA-RD-95-111*, Federal Highway Administration, Washington D. C., 1995.
STOPATO, S. *Via permanente ferroviária* - Conceitos e aplicações. São Paulo: Edusp, 1987.
SUZUKI, C. Y; KABBACH JUNIOR, F. I.; AZEVEDO, A. M. Infiltrações de projeto para dimensionamento de dispositivos de drenagem subsuperficial em obras viárias no estado de São Paulo. In: CONGRESSO DE INFRAESTRUTURA DE TRANSPORTES, 3., 2009, São Paulo. *Anais*... São Paulo: Associação Nacional de Infraestrutura de Transportes, 2009.
TUCCI, C. E. M. (Org.). *Hidrologia*: Ciência e aplicação. 2. ed. Porto Alegre: Editora da UFRGS, 2000.
USACE - U. S. ARMY CORPS OF ENGINEERS. Drainage and erosion control - Subsurface drainage facilities for airfields. Part 13, chapter 2. *Engineering Manual*. [S.l.]: Military Construction, 1955.
VERTEMATTI, J. C. (Coord.). *Manual brasileiro de geossintéticos*. São Paulo: Edgard Blücher, 2004.
WORLD ROAD ASSOCIATION. *The highway development and management series*. Paris: [s.n.], 2000.
WYATT, T. R.; MACARI, E. J. Effectiveness analysis of subsurface drainage features based on design adequacy. *Transportation Research Record*: Journal of the Transportation Research Board, Washington D. C., v. 1709, p. 69-77, 2000.
YODER, E.; WITCZAK, M. *Principles of pavement design*. 2 ed. New York: John Wiley & Sons, 1975.

ANEXO – TABELA DE CONVERSÃO DE UNIDADES

Conversões aproximadas para as unidades do SI:

Multiplicar	Por	Para obter
polegada	25,4	mm
pés	0,3048	m
pés^2	0,0929	m^2
pés^3	0,0283	m^3
m^3	1.000	litros
pés^3/dia	$3,277 \cdot 10^{-7}$	m^3/s
pés^3/dia/pés	$1,075 \cdot 10^{-6}$	m^3/s/m
pés^3/dia/pés^2	$3,528 \cdot 10^{-6}$	m^3/s/m^2
pés^3/dia	$3,277 \cdot 10^{-4}$	litros/s
pés/dia	$3,528 \cdot 10^{-4}$	cm/s
cm/s	864	m/dia
libra/pés^3	0,1571	kN/m^3
libra/pés^2	0,0479	kN/m^2
libra/polegada^2	6,895	kN/m^2

Conversões aproximadas para as unidades do Sistema Métrico:

Multiplicar	Por	Para obter
mm	0,0394	polegada
m	3,2808	pés
m^2	10,7639	pés^2
m^3	35,3147	pés^3
litros	0,001	m^3
m^3/s	$3,05 \cdot 10^6$	pés^3/dia
m^3/s/m	$9,30 \cdot 10^6$	pés^3/dia/pés
m^3/s/m^2	$2,8345 \cdot 10^5$	pés^3/dia/pés^2
litros/s	3.051,572	pés^3/dia
cm/s	2.834,467	pés/dia
m/dia	0,0012	cm/s
kN/m^3	6,3654	libra/pés^3
kN/m^2	20,8856	libra/pés^2
kN/m^2	0,1450	libra/pés^2